百年果蝇

FRUIT FLY

神奇的吸露者

主编｜邓武民 刘冀珑

U0336744

上海科学技术出版社

图书在版编目(CIP)数据

百年果蝇：神奇的吸露者 / 邓武民，刘冀珑主编
. —上海：上海科学技术出版社，2019.12（2024.5重印）
ISBN 978-7-5478-4669-8

Ⅰ. ①百… Ⅱ. ①邓… ②刘… Ⅲ. ①果蝇－普及读
物 Ⅳ. ①Q969.462.2-49

中国版本图书馆CIP数据核字 (2019) 第237854号

责任编辑：季英明　杨志平
美术设计：陈宇思
书名及章名题字：邱志杰
封面画绘制：刘卓佳
封底画绘制：杨双启

百年果蝇——神奇的吸露者
主编　邓武民　刘冀珑

上海世纪出版(集团)有限公司
上海科学技术出版社　出版、发行
（上海市闵行区号景路159弄A座9F-10F）
邮政编码201101　　www.sstp.cn
三河市同力彩印有限公司印刷
开本 787×1092　1/16　印张 11.5
字数 170千字
2019年12月第1版　2024年5月第3次印刷
ISBN 978-7-5478-4669-8 / N·193
定价：69.00元

（刘卓佳 图）

撰写人员名单

主　编

邓武民　刘冀珑

撰写人员

（按姓氏笔画排序）

方燕姗	邓自豪	邓武民	刘　南	刘　威	刘竞男
刘冀珑	刘朦朦	孙　行	纪俊元	吴宇斌	何海怀
张　勇	张珞颖	陆　剑	陈　君	陈俊豪	范　云
林于杰	金　真	赵　允	段然慧	倪建泉	高冠军
陈光超	袭荣文	焦仁杰	童文化	谢更强	潘玉峰
潘　磊					

前言

大约两年前参加完 *JGG*（《遗传学报》）在广州举办的学术会议，冀珑和我在白云机场候机时，聊起了编一本关于果蝇的中文科普书。冀珑是行动派，当场拿出纸笔，一起勾勒出主要的章节及所要邀请的专家。我们的设想是这本书应该囊括果蝇研究的方方面面，从生到死，从幼到老，从疾病到免疫，每一章由本领域的华人权威或者新星执笔。尔后我和冀珑同机来沪，在与他高中同学聚餐时，将"神奇的吸露者"这一书名确定下来，至此本书大致底定。

和冀珑相识于美国遗传学会举办的果蝇年会。当时我刚在佛罗里达州立大学建立起自己的果蝇实验室不久，冀珑还在卡内基研究所做博士后，其后去牛津成立了自己的实验室。2011年在克里特岛上的一个果蝇研讨会上，我们同住一室，当时就有了在国内举办同样的果蝇研究PI会议的想法。冀珑后来去了上海科技大学，几经周折，在其老家同学帮助下，终于有了第一届（2016年）和第二届（2018年）的九江国际果蝇会议。该书大多数作者也是九江果蝇会议的参与者。

关于果蝇，很多人看到都会觉得恶心、讨厌，会不自觉地将其与苍蝇联系起来。中文里形容"蝇"的多是贬义词，比如"蝇头小利""如蝇逐臭""蝇营狗苟"之类。虽然说的是苍蝇，但果蝇也连带受累，似乎蝇皆一无是处。然而，果蝇确实与众不同，在被生物学家选作实验材料以后，对于生物学之贡献无出其右者。以果蝇为实验主要对象而获得诺贝尔奖的就有5次；以果蝇为材料的工作，真真实实地给生物学的各个分支都带来了开创性的突破。

果蝇却是冀珑和我所珍爱的模式生物。我入果蝇研究的门，多亏了当年在上海生化细胞研究所读研时的赵德标老师。那时是20世纪90年代初，国内还没有一家以果蝇为模式生物的实验室，德标老师刚从德国马普研究所获联合博士归来，带回了果蝇原位杂交的技术及一本影印的劳伦斯（P. Lawrence）的《蝇的成长》（*The Making of a Fly*）。这本书一下子吸引了我。编一本浅显易懂的中文书也成为自己的一个理想。

　　这本书的完成，离不开许多海内外"果蝇人"的支持，也得益于这十几年来果蝇研究在国内良好开展的势头。以果蝇为模式生物的实验室从1990年初的唯一，到现在的成百上千；果蝇研究从上海、北京，延展到二三线城市的大学。不少"果蝇人"在国内成立了自己的实验室，也有不少国外的著名实验室搬到了国内。该书的作者们都是从事果蝇研究多年的人，对这小家伙有了感情与深刻认识，从而能够在各自的研究领域对果蝇研究作出妙趣横生的描述。希望这本书能给更多人关于果蝇研究的科学普及性知识，吸引更多年轻人加入果蝇研究的热潮，从而做出更多的开创性工作。真说不定，某一位年轻的读者，也会成为未来的诺贝尔奖得主。

邓武民

2019年6月

求偶　　　　　　　　　成瘾

运动　　　　　　　　　学习

衰老　　　　　　　　　患病

——果蝇生涯（杨双启 图）

蝇生短暂，蝇虫细渺，但若是您愿意停下步伐听听我的故事，您就会发现，我也拥有一个广阔的世界。

——拟果蝇独白（冯汉超 文）

目录
CONTENTS

第1章

果蝇与性

　　性别的发生、两性特征的发育、两性之间的求偶与繁殖，都受到基因的控制。可是，您会相信一个基因就能控制果蝇的性别发育或者是两性行为吗？说起来难以置信，还真有这样的基因。

　　果蝇跟绝大多数动物一样，其雌雄差异主要表现在两个方面：第一是两性体型大小和外在性征的差异；第二是两性行为的差异。很多人直觉上会认为，

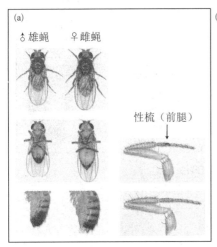
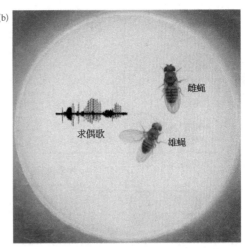

果蝇的两性差异

（a）雌雄果蝇的外表差异：雄蝇个体比雌蝇要小，同时雄蝇前腿有较明显的性梳；雄蝇和雌蝇在背侧腹部的黑色条纹以及外生殖器也都明显不同。（b）在果蝇求偶过程中，雄蝇会主动向雌蝇求偶：雄蝇通过伸展单侧翅膀（跳舞）并扇动翅膀发出特定的音频（求偶歌）来取悦雌蝇，而雌蝇在此过程中只须决定是否接受雄蝇，不会主动求偶。（潘玉峰实验室 供图）

调控动物两性差异的基因可能在性染色体X或Y上。的确，在哺乳动物的Y染色体上就有负责睾丸发育等功能的性别调控基因。不过Y染色体对于果蝇性别的决定以及两性行为的调控基本不起作用，只是参与精子的形成，是雄性可育所必需的。

那么，果蝇性别决定的关键因素是什么呢？

果蝇有4对染色体，包括1对性染色体和3对常染色体。不过由于第四对染色体很小，通常忽略不计，只考虑第二和第三对染色体。研究发现，果蝇X染色体的数目（雌蝇XX为2，雄蝇XY为1）与常染色体（A）对数（一般为2，包括第二对和第三对染色体）的比值（X：A为1或0.5）决定了果蝇会发育为雌性还是雄性，这可以称为性别的初始决定因素。有趣的是，这一初始决定因素最终能通过调控单个基因，来决定雌雄果蝇的性别发育，可以称为性别的最终决定因素。

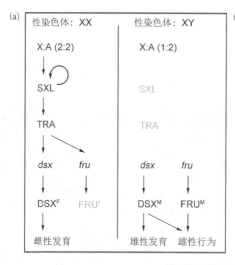
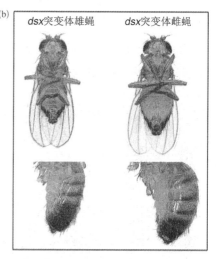

性别决定的分子信号通路*

（a）由性染色体与常染色体的比值决定了*Sxl*基因只在雌性中有效表达SXL蛋白，并通过*tra*基因最终决定2个关键基因*dsx*和*fru*在两性果蝇中表达特异性的蛋白质：在雌性中表达雌性特异的DSX^F蛋白，决定雌性体细胞的发育；而在雄性中表达雄性特异的DSX^M和FRU^M蛋白，决定雄性体细胞的发育以及雄性求偶行为。（b）*dsx*基因突变使得果蝇发育为间性，即兼具两性性征。如图b所示，*dsx*突变体雄蝇与雌蝇的外部生殖器以及背侧的黑色条纹均较为相似，但在细节上又不完全相同。（潘玉峰实验室 供图）

---

* 信号通路：细胞外分子作为信号物质携带一定的信息，信息经过细胞膜传入细胞内而引起一定的细胞反应，这样一系列的酶促反应途径称为信号通路。

性之初

　　X ： A的比值为0.5还是1，直接导致位于X染色体上的一个所谓性致死基因 *Sex lethal*（简称*Sxl*）是否表达蛋白质：在XX的雌性果蝇中，*Sxl*表达产生雌性特异的蛋白质SXL；而在XY的雄性果蝇中，没有SXL的蛋白质产物。

　　那么在胚胎的早期发育阶段，0.5或1这种量的变化，是如何转化为0或1的质的变化的呢？这里参与调控的基因较多，依其作用的不同分为"分子"和"分母"因素。分子因素就是那些位于X染色体上的基因，增加它们的表达量会正向促进*Sxl*基因的表达，而降低它们的表达则会使*Sxl*无法激活。分母因素指的是一些位于常染色体上的具有相反效应的基因。

　　另外一个重要因素是，一旦*Sxl*基因在胚胎早期得到一定量的表达后，其蛋白质产物就会正向促进*Sxl*基因的进一步表达，形成一个正向循环，进而使*Sxl*在XX的雌性果蝇中得到稳定表达，而在XY的雄性果蝇中不表达，或者达不到形成正向反馈所需的蛋白质的量。

　　*Sxl*在雌性果蝇中的表达，启动了一系列的分子信号通路，其中包括3个不同的性别分化过程：(1) 体细胞的性别分化，这里包括了上面提到的两性个体大小的差异，以及两性其他所有外在性征的差异；(2) 生殖细胞的性别决定（精子发生、卵子发生）；(3) 剂量补偿，即雄性X染色体基因表达量加倍（补偿），以匹配雌性2条X染色体的表达量。从这一角度上看，*Sxl*是名副其实的性别开关。

性别终决定

　　以*Sxl*调控的果蝇体细胞发育和行为差异为例。*Sxl*启动了靶基因——性别转换基因 *transformer*（简称*tra*）在雌性果蝇中表达，而在雄性果蝇中*tra*不表达。*tra*突变体雌蝇会"转换性别"，发育成雄蝇的外表，该基因也因此得名。

　　*tra*是一个很小的（约1 kb也即1千碱基）编码RNA结合蛋白的基因，其蛋白质产物可以特异识别重复的TC（T/A）（T/A）CAATCAACA序列。研究发现，

果蝇基因组中包含3个或以上该序列的基因只有2个，分别是不育基因*fruitless*（简称*fru*，该基因突变的雄蝇是不育的，因此得名）和双性基因*doublesex*（简称*dsx*，该基因突变的果蝇发育为间性，兼具两性性征）。这2个基因都位于果蝇第三号染色体上，是TRA蛋白的直接靶基因，也是性别决定信号通路中的最底层基因。可以说，Ｘ∶Ａ的比值最终通过这2个基因，控制了两性的体细胞差异以及行为差异。更有趣的是，*dsx*主要调控两性的体细胞差异，包含了除个体大小之外的几乎所有两性差异；而*fru*则主要调控两性行为的差异，它也参与到一条特异的肌肉的发育之中。

在雄性果蝇中，由于*Sxl*和*tra*都没有发挥作用，*dsx*与*fru*产生了默认的雄性特异的蛋白质产物，分别为DSX^M和FRU^M。而在雌性果蝇中，TRA蛋白通过直接结合*dsx*和*fru*的初始RNA，调控了RNA的剪接过程，从而产生不同于雄性的成熟mRNA，生成雌性特异的DSX^F蛋白，以及没有功能的FRU^F蛋白。DSX^M、FRU^M和DSX^F都是转录因子，通过调控一系列靶基因的表达来实现自身的功能。

DSX^M与DSX^F分别促进果蝇朝雄性特征或雌性特征发育，当两者都缺失时，雌雄果蝇均发育为间性。同时，研究发现DSX^M与DSX^F的功能对立，当在一个性别中同时表达两者时，果蝇也会发育为间性。

由于*dsx*基因所处的特殊地位（性别决定信号通路的末端），当改变该基因的表达模式时，比如只表达DSX^M，不管果蝇是XX还是XY，有还是没有SXL或TRA，果蝇的体细胞均发育为雄性。从这一点上讲，*dsx*是两性体细胞发育的最终决定因素。

两性行为的基因控制

两性除了外表的性征差异，在行为上的表现也是截然不同的。

比如在果蝇求偶行为中，只有雄性果蝇会表现求偶，这包括追踪雌蝇，用前腿轻触雌蝇的腹部，伸展单侧翅膀并通过振翅发出特定频率的求偶歌，舔雌蝇的生殖器，弯曲腹部并尝试交配等。而雌蝇则通过判断雄蝇求偶的质量（比

如求偶歌的频率、强度等），决定是否接受雄
蝇并与之交配。

雄性果蝇的求偶行为是一种本能。当把
雌雄果蝇从胚胎开始就孤立饲养至成蝇（25℃
时约10天即可羽化为成蝇），性成熟（羽化后
2天左右）后把雌雄果蝇放置在一起检测其求
偶行为，很多雄蝇在一分钟不到即可开始向雌
蝇求偶，并且表现出以上提到的所有求偶步
骤。这说明负责雄蝇求偶行为的神经环路，在
发育阶段已经构建完善，因此该行为是与生俱来的。

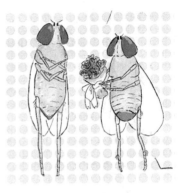

"恋爱"中的果蝇（陈果 图）

研究发现，性别决定信号通路中的另一个末端基因 *fru*，控制了果蝇的本能
求偶行为。

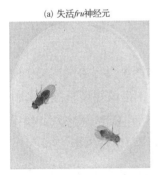  

(a) 失活 *fru* 神经元　　　　(b) 激活 *fru* 神经元　　　　(c) *fru* 突变体

***fru* 基因与果蝇求偶行为**

（a）人为失活雄蝇 *fru* 神经元，使雄蝇丧失对雌蝇的求偶行为 ;（b）人为激活 *fru* 神经元后，雄蝇会在
没有求偶对象的情况下表现求偶，表明 *fru* 神经元的活性直接调控了雄蝇求偶行为的开与关 ;（c）多
只 *fru* 突变体雄蝇表现出相互求偶的行为。(潘玉峰实验室 供图)

由于可变剪接，*fru* 在雄蝇中生成了雄性特异的 FRU^M 蛋白，而在雌蝇中未
生成有功能的蛋白质。FRU^M 表达在约 1 500 个神经元（约占果蝇神经系统 1.5%）
中，包括了参与求偶行为的几乎所有感觉系统（视觉、嗅觉、味觉等），以及
大量中间神经元和运动神经元，形成了一个从感觉输入到运动输出的完整神经
环路。

当人为失活所有 *fru*^M 神经元时，雄蝇对雌蝇会"熟视无睹"，不再表现任

何求偶行为。而当人为持续激活fru^M神经元时，孤立的雄蝇会在没有任何求偶对象的环境中"被迫"表现所有求偶步骤，包括射精，直至精疲力竭，进而死亡。

在基因层面上，fru^M完全缺失的雄蝇丧失了本能求偶行为，而fru^M部分缺失的果蝇，经常表现出雄性与雄性之间的求偶。在人为改造雌蝇的fru基因（比如敲掉TRA与其结合的位点）基础上，使FRU^M表达于雌蝇的神经系统，则本来不会求偶的雌蝇也会求偶了（这些雌蝇尚不能完成某些求偶步骤，比如弯曲腹部尝试交配）。

像dsx控制果蝇的性别发育开关一样，fru控制着果蝇的求偶行为开关。

两性行为的环境控制

fru^M调控的果蝇，本能求偶行为非常高效。雄蝇能在自然界遇到雌蝇的很短时间内，即启动求偶，同时不会在同性求偶上浪费时间。

有趣的是，fru^M完全缺失的雄蝇，虽然丧失了本能求偶行为（在无任何学习机会的情况下不能求偶），但是当与其他果蝇（不论雌性还是雄性，或是其他种属的果蝇）饲养在一起约一周后，它们即可重新获得部分求偶行为（尚不能完成交配）。而且这些求偶行为一旦获得，可保持终生。

这种由后天获得的求偶行为，可塑性极大。雄蝇对求偶对象的选择，很大程度上依赖于经验。比如始终饲养在雄性群体中的fru^M缺失果蝇，会产生很强的对雄蝇的求偶，但是很少对雌蝇求偶。从这一点上讲，至少在果蝇的实验中，同性之间的求偶既与基因相关，也依赖于后天环境。

研究发现，fru^M缺失的果蝇通过后天环境重新获得求偶行为的能力，需要DSX^M的功能。而在雌蝇中改造dsx基因，使之表达DSX^M且不表达DSX^F，则雌蝇虽不具备本能求偶能力，但是也可以通过后天环境（比如与其他果蝇一起饲养一周）而获得求偶行为。这说明，DSX^M的表达赋予了果蝇在后天环境中获得求偶行为的能力，而FRU^M的表达，使得这种求偶能力在发育阶段就获得了，从而表现为更加高效的本能求偶。

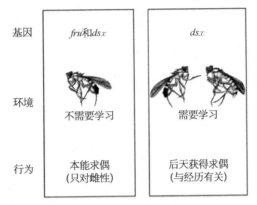

求偶行为产生的本能与后天获得机制

表达 FRU^M 和 DSX^M 的野生型雄蝇，具备本能的求偶行为，在不需要任何学习的情况下，可以快速并特异地对雌蝇（而非雄蝇）求偶；缺失 FRU^M、仅表达 DSX^M 的雄蝇，虽然丧失了本能求偶行为（在遇到雌蝇时不能求偶），但是通过与其他果蝇集体饲养几天后，能获得一定的求偶能力。（潘玉峰实验室 供图）

展望

果蝇性别决定的这一套分子信号通路，起始于 X 染色体与常染色体数目之比值，使得位于 X 染色体的 Sxl 基因，产生"全或无"的性别表达差异；再通过 tra 调控 dsx 和 fru 在转录水平的可变剪接，产生性别特异的 DSX 和 FRU 蛋白，分别调控性别相关的发育与行为——简单而精妙！

在性的进化研究中发现，Sxl 和 tra 等上游基因的保守性不高，而 dsx 这一直接调控性别分化的基因，却是从线虫到人都高度保守的。另一方面，fru 与 dsx 共同调控了果蝇的求偶行为。fru 赋予果蝇本能求偶行为，但 fru 基因只在某些昆虫中存在。而 dsx 赋予果蝇在后天环境中获得求偶行为的能力，并且该基因高度保守，也提示了后天获得行为这种方式，可能在进化上是更为原始的。

古人讲"勤能补拙"，先天（基因决定）即使缺乏某些才能，通过后天的努力一样能够达到目的。果蝇的性，也给了我们很多启迪。

第2章
果蝇的诞生

　　果蝇是典型的完全变态发育的双翅目昆虫之一，其生命周期历经胚胎期（1天）、三龄幼虫期（4天）、蛹期（近5天）和成虫期，从受精卵发育到成虫仅需10天时间。

　　那么受精卵是如何在24小时内，从一个巨大的细胞变成有精细复杂结构的幼虫的呢？在过去100年中，科学家们借助细致的观察，运用细胞生物学、生化和遗传分析以及计算机辅助的灵敏的成像系统等技术，对这一问题了解到了组织、细胞和分子水平。这方面的探究也促进了人们对生命现象和一些重要疾病的认知。

受精

　　果蝇的卵呈椭球形，长约0.5毫米，直径约0.15毫米。卵的背面比腹面稍平些，前端背面有2根长的附属触丝。卵被卵壳完全包裹住，仅在前端背侧留一小孔，称为微孔或卵孔，这是精子入卵的唯一通道。

　　卵壳的出现使果蝇及其他昆虫能够更好地适应干燥环境。卵壳是在卵发生的后期由滤泡细胞分泌物形成的，它的前后和背腹轴向的不对称，是由卵与滤泡细胞的相互作用决定的。在卵壳和卵的细胞膜之间，有一层致密的卵黄膜，仅允许氧气、二氧化碳和水分子通过。卵的主要内容物是储藏蛋白质、油滴和

RNA，它们都是由脂肪细胞和卵周围的滤泡细胞及护理细胞合成的。

在果蝇排卵时，精子由微孔进入卵，刺激卵完成第二次减数分裂。与此同时，雄原核的染色质变松弛，组蛋白取代其原有的精蛋白。随后，雄原核由微管推动而靠近位于卵中央靠前端的细胞质中的卵原核，并与之融合。

受精作用的完成，启动了果蝇的整个发育程序。

核分裂

果蝇的受精卵经历13个大体上同步的核分裂。

典型体细胞的核分裂周期分为4个时期：细胞核分裂期（M期）、DNA复制期（S期），以及将它们分开的2个细胞间期（G1和G2期）。而果蝇早期的卵裂只有M期和S期，没有分裂间期和胞质分裂过程。这种在受精卵细胞中快速进行的卵裂，形成了有成百上千个细胞核共存的一个巨大的合胞体。这种卵分裂的方式也叫做表面卵裂。

最初的9次核分裂发生于胚胎内部。在第4次和第8次分裂时，细胞核周围周期蛋白依赖性激酶CDK1活性的局部涨落，引起微管和微丝构成的细胞骨架网在胚胎内不同位置张力的动态差别，推动细胞核及其周围的细胞质在胚胎内移动。位于胚胎中央的细胞核在M期沿胚胎前后轴向扩张，称为"轴向扩张"。

在第9次分裂后，多数细胞核被细胞骨架推向胚胎的皮层，这一过程被称为"皮质迁移"。一些细胞核留在胚胎内部，成为消黄细胞的细胞核，消黄细胞能够通过分解卵黄给胚胎提供营养。卵黄核的DNA不断复制，却不经历核分裂，变为多倍体。

上述9次核分裂大概每10分钟一次，完全由贮存于卵内的母体基因产物调节。果蝇的整个基因组在4～5分钟内准确地完成复制，并在随后的M期完美地一分为二。这很可能是迄今所知最快速的细胞分裂。

与体细胞分裂类似，在这些核分裂过程中，CDK1激酶与细胞周期蛋白复合体的活性的周期性变化，控制着S期、M期及细胞骨架的周期性动态变化。但与体细胞的分裂不同，在果蝇早期的卵分裂过程中，细胞周期蛋白的合成与降解，只发生在核周围的局部区域。

在第 10 次分裂时，少数细胞核被细胞骨架推到胚胎后端合胞体的细胞膜下，随后被细胞膜包围而与其他的核隔离，形成极细胞。它们是果蝇的原生殖细胞，以后发育为成虫的生殖细胞。这些极细胞在以后的分裂中，不再与合胞体囊胚的其他细胞核同步。所以，卵黄核和极细胞的形成，标志着胚胎内所有细胞核的最初的分化。

由于 S 期在第 8 次核分裂之后会延长，因此随后的 3 次分裂周期逐渐变长，伴随着少数合子基因的转录。这一时期也被称为"母体-合子过渡"。最早的合子基因转录可以在第 8—10 次核分裂时检测到。

为什么 S 期会逐渐延长呢？一种解释是由于核质比（细胞核和细胞质的比例）逐渐变小，达到某个临界值，使得 DNA 复制所需时间逐渐增加。对早期胚胎用钝刀片小心切割而改变核质比，或者用单倍体胚胎以及一些与 DNA 复制监查点相关的蛋白质的突变胚胎的研究结果，支持了这一假说。

细胞化

果蝇胚胎的"细胞化"，发生于第 14 次核分裂的间期。此后的细胞分裂，需要合子基因的表达。

受精卵的膜在细胞骨架和肌动蛋白的牵引下内陷，将位于胚胎表面的每个细胞核分隔开，最终形成具有单层细胞的囊胚。从受精到细胞化的囊胚，所需时间受温度影响很大，在 25°C 条件下约需 4 小时。S 期变得更慢，随后进入第一个 G2 期。

第 14 次有丝分裂的典型特征，是它们的分裂以区域化的方式，按一定顺序发生于准确的位置；而同一区域内的细胞几乎同步地进入有丝分裂，被称为有丝分裂域。为什么会有这样的细胞分裂行为呢？

CDK1 激酶活性的周期性变化，对调节细胞周期不同时相的转化起决定性作用，而它的活性受细胞周期蛋白和其催化亚基 P34（即 CDK1）的磷酸化状态（T14Y15）这两种因素调节。CDK1 的磷酸化抑制其活性，而其去磷酸化则受磷酸酶CDC25（由果蝇的 *string* 基因编码）抑制。

在进入第14个核周期后，贮存在卵中的母体 *string* mRNA 被降解，所以只有合子的 *string*/CDC25 表达的细胞，可以激活CDK1而分裂。*string* 基因通过其超长的启动子区域，来整合不同位置的发育信息和细胞周期。这就解释了发育信息对胚胎不同位置细胞增殖的调节机制，以及有丝分裂域现象。

原肠胚的形成

胚胎发育不仅伴随着细胞数目的增加，这些细胞还必须逐步分化形成具有三维结构的组织和器官，由单层表皮细胞组成的细胞囊胚，通过细胞内陷等运动而重排形成具有3个胚层的原肠胚。整个过程称为"原肠胚的形成"，这是发育生物学研究中最有趣的现象，也是最为核心的问题之一。

那么，由单层细胞构成的细胞囊胚，怎样转变成拥有3个胚层的原肠胚呢？

中胚层的分化最初是沿着腹侧中间沿中线的8～10排柱状细胞内陷入卵黄，形成腹沟。腹沟很快内陷、关闭，并与胚胎表面的细胞脱离，形成中胚层管。这种沿背腹轴的不对称性，取决于Dorsal蛋白*在第9次核分裂之后沿背腹轴的浓度与活性梯度。

在腹侧，Dorsal被激活并在细胞核中积累，而背侧的Dorsal则定位于细胞核外的细胞质中。Dorsal是转录因子，它在胚胎腹侧沿中线激活合子基因 *twist* 和 *snail* 的表达。而这些基因的产物，进一步引起一些控制细胞黏连分子的不同表达，导致细胞形状改变，从而引起腹侧沿中线的细胞内陷。

有趣的是，Dorsal是NF-κB的同源蛋白质，而NF-κB在多细胞生物中对调节先天性免疫起关键作用。Dorsal调节果蝇胚胎背腹轴形成的信号通路，与调节免疫反应过程的NF-κB信号通路极其相似；并且Dorsal及其上游受体Toll，在果蝇的幼虫和成虫中也参与先天性免疫的调节。

---

* Dorsal 蛋白：一类转录因子，在果蝇体内沿背腹轴有不同的浓度与活性分布，引起和影响某些基因的表达。

从物种进化的角度，先天性免疫反应和NF-κB信号通路的形成，比背腹轴的形成更为古老。看来背腹轴的产生似乎只是"借用"了一个已经成型的免疫调控信号传导通路，略微加以改动就用于控制背腹轴的形成。

不同区域的中胚层前体细胞，由于不同步的细胞分裂而导致胚胎不同区域细胞数量的不同。胚胎中部的中胚层细胞分裂，发生在两侧区域；而胚胎中线区的细胞较少，形成两侧对称的结构。中胚层每一体节分为不同的侧体节，并进一步分化为肌肉、脂肪等组织。这些中胚层细胞与其腹侧的囊胚细胞，构成胚胎的胚带。

内胚层的分化比中胚层的分化稍晚些。在腹沟前后两端的细胞逐步内陷和分裂，并向胚胎内部延伸，形成中肠前部和中肠后部。在后续的胚胎发育中，中肠后部继续向前延伸，最终与中肠前部接触并融合，从而完全包裹卵黄。从胚胎学角度看，这些中肠结构即是果蝇胚胎的内胚层。

中肠的后端内陷时，携带着极细胞陷入胚胎内部。这些极细胞被部分中胚层的细胞包裹。两种细胞相互影响，并进一步发育成为生殖腺。极细胞先分化成初级生殖细胞，最终分化为配子。而来自中胚层的细胞与配子混杂在一起，形成卵巢中的滤泡细胞和生精囊细胞。除了这些由内陷细胞形成的中胚层和内胚层外，绝大多数留在胚胎表面的细胞形成外胚层。

在中胚层细胞内陷并脱离后，原来在胚胎两侧沿前后轴向的几排细胞，在腹侧中线连接，形成神经外胚层。这群细胞形成可分化为神经元和胶质细胞的成神经细胞。

胚带

伴随着3个胚层的分化，整个胚胎的细胞在胚胎中的位置也经历了剧烈的变化。整个胚胎的体积从受精卵到孵化，由于受卵黄膜和卵壳的限制而固定不变。

从胚胎的侧面看，位于腹侧沿前后轴排列的单层柱状细胞，将发育成胚胎主体。这些细胞被称为胚带。根据胚带与胚胎的相对长短，昆虫从胚胎学角度分为长胚带、中胚带和短胚带昆虫三大类，果蝇是典型的长胚带昆虫之一。

胚带首先向胚胎后端延伸，这些细胞的运动会推动在胚胎后端背侧的极细胞沿胚胎背侧中间线持续前移，最后停在离胚胎前端约30%胚长的地方。卵黄的移动和胚带不同位置细胞的分裂，辅助了胚带的伸展。在胚带伸展的同时，胚胎表面分节即副体节的界线，逐渐变得明显。虽然这些副体节并非孵化时幼虫的体节，但对胚胎发育的逐步区域化至关重要。

胚带保持最长的伸展状态，持续大约2小时（产卵后6～8小时）。随后，胚带开始沿反向回缩，羊浆膜层覆盖卵黄囊的中部背侧区域，直到胚胎的后部完全回到卵的后端。紧接着，胚胎的两侧细胞向背侧伸展，逐渐吸收羊浆膜组织。在胚胎背侧闭合的同时，羊浆膜完全消失。

前后轴和背腹轴

通过以上在细胞、组织和胚胎形态方面对胚胎发育的描述，我们知道果蝇的卵和胚胎有明显的前后轴和背腹轴的区别。

前面简述了Dorsal信号通路如何决定背腹轴的分化，那么在基因水平，前后轴不对称的极性是如何形成的？原来，前后轴的决定在卵的形成过程中由母体效应基因产物确定了框架：前后轴是由被称为前端组织中心和后端组织中心的母体效应mRNA及其编码的转录因子的不对称分布决定的。前端组织中心的主要基因是bicoid，其产物BICOID蛋白在胚胎前端浓度最高，并沿前后轴形成逐渐降低的梯度；而后端组织中心则主要由NANOS和CAUDAL蛋白从后端向前端逐渐降低的浓度梯度决定。这些母体效应基因及其产物的不对称分布，进一步通过调节所谓的"缺口基因"和"成对控制基因"，来控制"体节极性基因"和"同源框基因"*的表达。

---

* 同源框基因：又称同源异型基因，指能够在个体胚胎发育中影响身体特定位置上特定构造的一类基因。常在果蝇中被研究。

对这一问题的主要突破是由尼斯莱因–福尔哈德（C. Nüsslein-Volhard）和威绍斯（E. F. Wieschaus）在 1978 年做出的。他们用化学诱变剂做了大规模遗传学筛选，以便系统地寻找能影响果蝇胚胎发育的突变体。随后，他们对各种突变体表型进行了遗传学和胚胎学的分析，并将这些突变体分为缺口基因、成对控制基因和体节极性基因突变体等几类。

在随后的几十年里，对体节极性基因调控网络的深入研究，已经让人们可以构建数学模型来准确进行模拟和预测。对这一调控网络不同成分的数学模型和实验，揭示出它的拓扑结构确保了整个网络输出结果惊人地准确可靠。此项成功标志着人们对这一过程中的基因及其产物之间的激活、抑制以及反馈调控，已经有非常深入和成熟的认识。

有趣的是，一旦同源框基因在胚胎不同体节的表达模式建立起来之后，虽然在胚胎期控制其表达的体节极性基因的表达已不复存在，但这些基因的转录活性在随后的幼虫和成虫中，可以一直维持开或关的状态。这是由多梳家族蛋白（PcG）和三胸家族蛋白（TrxG）通过维持组蛋白的特殊的甲基化来实现的。

利用果蝇对这两大类蛋白质进行调节基因转录方面的研究，奠定了"表观遗传学"这个领域的基础。

展望

与对果蝇胚胎发育早期，尤其是对其最初 6 个小时的深入细致的了解相比，人们目前对果蝇胚胎发育后期的认识，依然粗糙得多。这主要是由于在胚胎发育中后期细胞的数量和种类、胚胎的结构、基因调控的网络，以及不同胚层细胞之内和之间的相互作用等方面，复杂性有极大的增加。而这些也是该领域以后努力的方向之一。

胚胎发育后期的主要事件包括神经、肌肉和气管的分化与逐步完善，以及脂肪细胞的完全分化。最后伴随着越来越活跃地受神经系统调控的肌肉收缩的逐渐加剧和气管充气，幼虫得以从前端突破卵黄膜和卵壳孵化而出。这就标志着胚胎发育的完成和幼虫期的起始。

第3章

果蝇与成长

刚从卵壳中孵化出的果蝇，要经历幼虫期、蛹期和成虫期。果蝇的幼虫期可以分为三龄，每次蜕皮增加一龄。从物质和能量代谢的角度看，果蝇幼虫在短短4天内体重就增加了近200倍。这得益于它们不停地觅食和将食物迅速转化为脂肪、糖类与蛋白质的超强能力。

成长的烦恼：蜕变

幼虫的全身被几丁质的角皮覆盖。虽然这种外骨骼保护了体内的组织和器官，并支撑了幼虫的身体结构，可是僵硬的角皮在稍后又阻碍了身体的进一步生长。缘于此，果蝇在4天的幼虫期内，必须经过2次蜕皮才能快速地成长。这一切都是为了在长达5天蛹期中的能量代谢和营养物质转化而做的精心准备。

从身体结构的角度看，幼虫与成虫的身体结构完全不同。果蝇成虫的身体分成明显的三部分：头部、胸部和腹部。每个体节有特定的附属结构。例如头部有一对突出的复眼、触角和口器。胸部分3节，每节的腹侧有一对腿，第二胸节背侧伸出一对翅膀，而第三胸节附有一对平衡棒。在蛹期的变态发育过程中，幼虫的一些细胞、组织和器官经历程序化细胞凋亡而被降解，另外一些经历重新塑造，还有些细胞和器官新产生出来。

所以，幼虫期的2次蜕皮使得它们的身体可以迅速增长，而在蛹期的变态发育使得它们拥有昆虫成虫的形态和功能。幼虫身体内所有的细胞都必须参与并适应这一系列剧烈的生理变化。

幼虫的生长、蜕皮和变态发育，是果蝇生命周期中几个关键的生理和发育过程。食物的营养和个体的生长与这些发育时期之间的转化紧密相关。那么，是什么机制在调控进食、生长与这些不同发育时期之间的转化呢？对果蝇和其他几种昆虫生长和蜕皮调控机制的研究，推动了人类对节肢动物门生物（估计占地球上动物物种的种类和绝对数量80%以上）发育的认知。

由于能量代谢在幼虫期和蛹期完全不同，各种遗传、细胞和生化分析方法使人们能用果蝇来对糖类、脂肪和氨基酸等在不同组织器官中的代谢以及在不同器官之间的协同进行更加深入的分析。这些研究成果也有助于人们了解一些重大疾病如癌症、心血管病、肥胖和糖尿病等的发生，并加以治疗。

在过去近100年对果蝇和其他昆虫（如家蚕、烟草独角天蛾等）的研究表明，神经内分泌系统在生长、蜕皮和变态发育过程中起核心作用，这一点与脊椎动物很相似。那么，其中有哪些激素参与，而这些激素又是如何调节相关过程的呢？

成长的代价：变态

对果蝇变态发育的理解，得益于以下几个早期用其他昆虫为材料的重要发现，它们影响了整个领域的进展。

大脑在调节变态发育中的作用，最初是1917年由科佩奇（S. Kopeć）发现的。他用丝线环在花蛾幼虫头后不同的位置绑紧，发现丝线环前部的表皮能变成类似蛹期的角皮，而其后的表皮则不能。另外他通过手术，切除花蛾幼虫的大脑，发现这些幼虫不再能化蛹；不过要是在化蛹前最后一龄的晚期切除幼虫大脑，则对化蛹过程没有影响。通过这些实验，他得到的结论是，大脑仅在短暂的关键期对化蛹才是必需的。

1936年，威格尔斯沃思（V. B. Wigglesworth）用吸血蝽作为实验材料发现，移植一个四龄幼虫脑旁的咽侧体，到另一只五龄（即正常成虫前的最后一龄）幼虫中，这只幼虫会蜕皮进入额外的"六龄"幼虫期，而不是变成原来预期中的成虫。他认为，咽侧体分泌了某种抑制激素，即后来发现的保幼激素，能够抑制变态发育，或者说具有保持幼虫幼态的功能。

在1944年，福田（S. Fukuda）用家蚕为实验材料，发现前胸区对化蛹是必需的。1947年，威廉斯（C. M. Williams）通过移植蚕蛾蛹的大脑或前胸腺，或者同时移植两者，发现来自大脑的某种物质可以激活前胸腺，产生某种刺激幼虫蜕皮的激素。

以上几个看似简单的早期研究，极具洞察力，启发并影响了整个研究领域后来的发展。

成长的保护神：三剑客

人们发现，蜕皮和变态发育受3种激素的调节：大脑的神经分泌细胞所分泌的促前胸腺激素（PTTH）、由前胸腺分泌的蜕皮激素（生物活性最强的是20-羟基蜕皮激素，或20E），以及由咽侧体分泌的保幼激素（JH）。这3种激素的水平，在发育过程中此起彼伏，有序地涨落，精准地组织协调了幼虫体内所有细胞在蜕皮和变态发育过程中的行为。

在果蝇的生命周期中，蜕皮激素水平（或滴度）的涨落，形成6个比较明显的峰值，而在每个峰值前都有一个短暂的PTTH分泌。第一个峰在胚胎发育的10小时左右出现。第二个蜕皮激素的峰值出现在一龄幼虫，刺激幼虫分泌形成新角皮和变为第二龄的蜕皮。第三个峰值启动新的幼虫角皮的形成，并进入三龄即最后一龄幼虫的蜕皮。在三龄末期出现第四个峰值，引起许多生理和形态的变化，导致身体变短及随后化蛹。化蛹大约12小时后，比较小的第五个峰值出现，诱导蛹期角皮的分泌。随后，最宽大也是最高的第六个峰值在蛹期出现，与这一时期低水平的保幼激素一起，共同调节成虫结构的变态发育。

值得一提的是，果蝇幼虫的前胸腺（分泌蜕皮激素）、咽侧体（分泌保幼激素）和心侧体（分泌脂肪酸动用激素，即 AKH）融合成一个环状腺体，环绕食管，被称为"环腺"。AKH 的功能类似于哺乳动物中的胰高血糖素，调节在饥饿条件下的糖代谢。所以，环腺是一个通过分泌多种激素来调节能量代谢和生长发育的重要内分泌腺体。

与哺乳动物的甾体类激素类似，蜕皮激素 20E 也通过与其核受体——蜕皮激素受体（EcR）相结合，来调节蜕皮激素受体靶基因的转录。这些靶基因构成一个调控网络，来协调蜕皮和变态发育的生理变化。

由于甾醇类激素（蜕皮激素）及其核受体（蜕皮激素受体）在调节变态发育上的重要作用，对蜕皮激素及其受体如何激活转录分子机制的研究，也促进了人们对其他类似的甾体激素核受体的生理病理功能的理解。例如，雄性激素受体或雌性激素受体如何调节哺乳动物的性征发育和生殖行为？在病理条件下，这些核受体在前列腺癌、乳腺癌、子宫癌或卵巢癌等疾病的发生过程中起什么作用？此外，合成蜕皮激素类似物，也许能用作农作物病虫害防治的杀虫剂。

PTTH 则通过在前胸腺细胞膜上的受体，迅速激活第二信使 cAMP 和 Ca^{2+} 以及 PKA 激酶，进而激活参与 20E 合成的各种酶的表达。这些酶从食物中获取胆固醇，逐步转化为蜕皮类激素和 20E。AKH 通过类似于 G 蛋白受体的物质来激活 cAMP 和 PKA 等下游分子。虽然保幼激素的受体（Met 和 Gce）在几年前已被发现，关于它的调节机理目前依然充满未知。

果蝇的幼虫在产卵后 72 小时左右进入第三龄，随后幼虫不停地进食近 36 小时。目前对三龄幼虫化蛹的转变过程，研究得较为深入。在产卵后 120 小时的时候，第五个蜕皮激素的峰值出现，引起幼虫行为的变化。幼虫开始离开食物并四处爬行，以寻找化蛹的地方。这一时期被称为"游荡期"，持续约 10 小时。这些幼虫逐渐地停止爬行，变为白色的前蛹，随后蛹的颜色不断加深，成为黄色的蛹。

有趣的是，如果在产卵 80～82 小时之后让这些幼虫饥饿，它们会提前化蛹，并能成功地变为成虫，尽管蛹和成虫会比正常情况下小一些。然而，如果在 80～82 小时之前让这些幼虫挨饿，那它们将维持三龄幼虫的状态，直至饿死也不能化蛹。所以，三龄幼虫在 80～82 小时的重量，被称为"临界重量"。这些现象说明幼虫的生长对决定化蛹的时间起重要作用。

　　如果给果蝇幼虫喂高糖饮食，比如在正常食谱中额外增加20%的蔗糖，这些幼虫的化蛹时间会推迟1天左右；而给它们喂高蛋白质的食物，则对化蛹时间没有影响。为什么会这样呢？从代谢角度看，幼虫期的进食行为会激活胰岛素样肽的活性。这种物质一方面刺激幼虫体内的脂肪合成，另一方面可通过前胸腺细胞里的mTOR，抑制蜕皮激素的分泌，从而维持幼态，以促进幼虫体内足够的脂肪积累。这一过程在幼虫的游荡行为过程中发生逆转。所以，胰岛素和蜕皮激素相互拮抗，共同决定化蛹的时机和果蝇个体的大小。

　　上述模型可以解释，达到临界重量以后的幼虫对于饥饿发生提前化蛹现象，也可以解释高糖饮食导致化蛹滞后的现象。虽然对于幼虫怎样"知道"自己的体重是否达到"临界体重"的机制还不清楚，但是这些研究揭示出营养、能量和脂类代谢以及环腺分泌的多种激素，在调节昆虫幼虫的生长、化蛹及变态发育过程中起关键作用。

　　蛹期的变态发育，使成虫拥有与幼虫完全不同的组织和器官，比如在外部的巨大的复眼、触角、6条腿、翅膀、平衡棒和生殖器等器官，以及在内部的脂肪、大脑和周围神经系统等组织。成虫的这些组织和器官，在形态结构、生理特性和行为活动方面与幼虫明显不同。成虫的各种器官究竟是怎样形成的呢？

　　原来，成虫的各种结构在幼虫期以被称为"成虫盘"的双层细胞组成的囊状结构存在。这些囊状结构主要是由一层柱状表皮细胞和一层扁平状细胞构成。幼虫体内共有10对主要的成虫盘，它们在蛹期发育为成虫中除腹部之外的结构，而生殖器则由一个生殖盘发育而成。

　　有关的细胞可以追溯到胚胎发育的后期，它们与多数的胚胎细胞一样是二倍体。幼虫体内的大多数细胞如脂肪细胞和唾腺细胞，只复制DNA却不进行有丝分裂和胞质分裂，从而变为多倍体细胞。但是，成虫盘的细胞却跟典型的体细胞一样，进入快速的有丝分裂，每个成虫盘在三龄后期能达到1万至6万个细胞。这些细胞在增殖的同时也逐步分化，部分细胞还会发生凋亡。相关过程受到多种信号传导通路的准确调控。

　　果蝇成虫的身体结构复杂多样，而且在正常情况下一成不变。这些复杂且可靠的性状，为分析各种突变体及基因的功能，提供了极丰富的素材。

展望

　　的确，人们在过去30年对果蝇成虫的器官如眼、翅和背部的刚毛等的遗传调控机制，进行了深入研究。这些研究揭示出了12条主要的信号传导通路，它们如何控制成虫盘细胞的分裂、分化和凋亡，以及这些信号通路之间在这一过程中如何协调。重要的是，这些信号通路从果蝇到人类高度保守。以果蝇为材料的研究，已经极大地促进了对人类和其他生物之发育和疾病的认识。

第4章

果蝇与衰老长寿

岁月悠悠，人生易老。时间始终以你感觉到或没感觉到的方式，在静静地流淌。它是世界上最为公平也最为残酷的。无论你是谁，它都会在你身上留下不可磨灭的痕迹。有一天你会发现，自己的鱼尾纹又多了几条，皮肤开始松弛，脸上、手上出现了恼人的褐色斑点，再也不能一口气跑1 000米了。渐渐地，你可能不得不依靠拐杖才能行走，往事也如雾如烟，在你的记忆中逐渐模糊、褪去。

更让人感到无奈的是，随着年龄的增长，罹患各种疾病的可能性也在逐渐增加。糖尿病、癌症、心血管病、神经退行性疾病、骨质疏松等，都在威胁老年人的健康，严重降低他们的生活质量。

衰老就像一道魔咒，在不知不觉中侵蚀着每一个人的生命。我们难道只能束手无策地被动接受吗？当然不。《黄帝内经》记载："上古之人，春秋皆度百岁，而动作不衰"，虽说是无稽之谈，但可从中看出古人对长寿的向往。古往今来，长生不老是人类共同的梦想。秦始皇派徐福率三千童男童女东渡大海，寻访仙缘求长生；西方世界的炼金术士孜孜不倦地寻求"贤者之石"，希望可以炼出长生不老丹。近现代以来，生命科学和技术的发展，为延缓衰老和解码长寿机制提供了第一驱动力，以果蝇为模型的相关研究更是其中一大亮点。

果蝇具有相对快速的生命周期，正常寿命80天左右，且繁殖率高，生长环境简单，与哺乳动物包括人类之间具有很高的基因同源性，因此以果蝇为模型研究长寿机制，具有极大的优势。目前通过果蝇的研究发现，大致有两个方面促进生物体的长寿：第一个方面是通过培养条件，如生活和饮食等的习惯；第二个方面是通过遗传和基因组学，如利用分子生物学等手段。

食物摄入与衰老

每当看到人的生命走到尽头时，人们禁不住叹息："人生天地之间，若白驹之过隙，忽然而已"。两千年前，秦始皇指派徐福出海寻找长生不老药。古来还有无数方术之士或穷其一生试炼"长生不老金丹"，或遁入山林餐风饮露，通过吐纳导引以求长生。诸如此类的方式不胜枚举，虽然不曾实现长生，但是其中一些良好的养生之道及肢体操练，却为后人所效仿，希冀得以延寿。

那么，是否可以通过改变生活习惯或其他外部条件，从而实现长寿？这当中有没有科学依据？答案是肯定的。人们其实很早就意识到，食物的摄入量与寿命、衰老之间存在着一定的联系。在20世纪30年代，意大利科学家麦凯（C. M. McCay）首次报道，通过食物及热量限制，能将大鼠寿命延长40%，而且更为重要的是，它们活得比同龄的大鼠更健康。自此以后的很长一段时间内，人们把抗衰老的研究重心放在限制热量和限制饮食上。大量的实验也表明，限制食物及热量的摄入，可使果蝇、酵母和啮齿类动物的寿命延长。已经有实验表明，长期限制饮食的志愿者，可以减少心脏病及癌症的发生概率。

但中国也有句老话叫作"民以食为天"。食物，特别是美食，可使人愉悦，因此即使限制饮食能够长寿，这也许不是每个人都愿意去做的。而且又有研究表明，限制饮食有着诸如使记忆力减退、骨质疏松等副作用。因此，若能发现限制饮食获得长寿的背后机制，从而绕过节食就得以长寿，这才是人们所期待的，而这就需要我们真正了解其背后的机理。

以果蝇为代表的研究表明，通过适度限制饮食，优化培养条件，或者通过绝育措施，生物体能够显著长寿。

享受西瓜的长寿果蝇（赵良浩 图）

果蝇：衰老研究的重要工具

要说到对衰老的分子水平研究，就不得不提到秀丽隐杆线虫（*C. elegans*）。20 世纪 80 年代，科学家们就利用化学诱变的方法，获得了上百种突变体线虫。这些突变体各有各的不同。科学家们惊奇地发现，有一种突变体线虫，竟然活得比野生型更长也更健康。与线虫相比，果蝇对衰老研究的贡献也不遑多让。两者相比较而言，果蝇的基因更为复杂，关键基因的调控机制更为保守，所以果蝇作为模式生物在衰老研究的各个方面同样起到了重要的作用。

对果蝇及其他模式生物的研究表明，人为限制果蝇等模式生物的饮食（dietary restriction, DR），同样可以延长寿命。胰岛素（insulin）/IGF-1 信号通路由于跟饮食特别跟糖代谢的关系，第一个进入了人们的视野。研究表明，不仅通过突变降低胰岛素/IGF-1 受体的活性，可以延长模式生物的寿命，而且抑制其下游的磷脂酰肌醇 3-激酶［PI(3)K］同样可以延长寿命。

随后的研究表明，饮食限制涉及机体的多种神经，具有组织特异性、机体系统性以及细胞自主性（cell-autonomous）反应等特点。例如，在果蝇中改变感觉器官嗅觉神经元可以影响寿命，改变营养物质反应的神经环路同样可以影响寿命等。

对果蝇、线虫及小鼠的分子机制研究表明，饮食限制不仅涉及胰岛素/IGF-1，而且 AKT、FOXO、AMPK、TOR、HSF、NRF2 以及多个去乙酰化酶等的信号通路或分子，同样在饮食限制所导致的模式生物的健康及寿命中发挥了很重要功能。例如，抑制 AKT 可以激活转录因子 FOXO，从而上调几个"长寿通路"，控制DNA 修复、细胞自噬、抗

年轻的与年老的果蝇（蔡康非 图）

氧化活性、压力适应以及细胞增殖等。mTORC1的活性抑制可以促进细胞自噬、增强干细胞功能等。同样，对果蝇的研究表明，多个平行的信号通路或分子，可以共同响应饮食限制，调控模式生物的寿命。

随着研究的深入，越来越多的基因及所调控的代谢方式得到发现和解答，长寿及衰老的生物学密码正逐渐被解开。

饮食限制与长寿

在果蝇的研究中发现，可以通过减少食物的摄入量使果蝇长寿。进一步的研究表明，这是由于食物中蛋白质和碳水化合物比例的变化，致使果蝇长寿。当食物中蛋白质与碳水化合物的比例升高（1/2）时，果蝇寿命缩短；而当两者之间的比例降低（1/16）时，果蝇寿命延长。

温度与长寿

在无脊椎动物和脊椎动物中，温度能够显著影响寿命。在果蝇研究中发现，当果蝇在最适温度25℃培养前，预先处于一个中性压力温度下培养（微冷，19或22℃），果蝇的寿命会得到显著延长。相反，当果蝇历经较高的培养温度，如29℃时，果蝇的寿命会显著缩短。

生育繁殖与长寿

在许多物种中，繁殖会增加个体的死亡率，而减少繁殖会增加个体的寿命。1958年，英国科学家梅纳德-史密斯（J. Maynard-Smith）发现，不产生后代的突变果蝇相比正常生育的果蝇，寿命延长。为证实在人类身上也存在相似结果，韩国科学家查询档案发现，太监（或其他幼时受阉割的男性）一般比正常男性寿命长14～19年。在接受研究的81名太监中，甚至有3人活到了100岁以上高龄，这即使在现代社会中也算是人瑞了。因此可以确定，生育繁殖与寿命长短有密不可分的关联。

环境与机体内的遗传标记

包括人在内的每一生物个体内，都有自己独特的一套遗传物质——DNA，其中核苷酸以不同的排列方式，组成不同的基因和调控组件，书写着生命的奥秘。由DNA编码的基因与生俱来，调控衰老的相关基因自然也在其中，因而长寿的父母往往会有预期长寿的后代。

但是，仅仅DNA及其编码的基因，并不是长寿的全部。岁月不但会在我们外观上留下痕迹，同样也会在我们的DNA、染色体上留下印迹，这种印迹并非与生俱来。即使是同卵双胞胎，他／她们的DNA序列完全一致，遗传物质的初始表观修饰也相同，但随着年龄的增长，为应对不同的生活方式和环境变化，个体细胞内的表观修饰仍会不可避免地产生差异。由此也就会造成，尽管同年同月同日生，仍不会同年同月同日死。

对果蝇的研究表明，在机体发育完成之后，随着果蝇个体"年龄"的增大，基因表达水平以及包括DNA甲基化、组蛋白修饰在内的遗传物质的表观修饰，均会发生改变，微小RNA（microRNA）的表达也会表现出差异。这些岁月累积所造成的差异，同样也是影响衰老的重要因素。

例如，对果蝇体内的研究表明，随着"年龄"增长，去乙酰化酶SIRT1、SIRT3以及SIRT6的活性会随之改变。如果人为增加这些酶的活性，将会通过组蛋白的去乙酰化增加基因组的稳定性，降低NF-κB信号通路的活性，提高代谢的平衡水平，从而延长寿命。

长寿的内源分子机制

在研究果蝇寿命调控的内源分子机制的过程中，人们发现以下几类主要途径或生理过程，会对果蝇的寿命产生影响：胰岛素／类胰岛素生长因子、雷帕霉素靶标信号途径和自噬、氧化应激、腺苷酸活化蛋白激酶信号途径、保幼激素等。人们可以通过分子遗传学手段定向干扰上述途径，使果蝇的寿命显著延长。

胰岛素/类胰岛素生长因子

研究发现，从无脊椎动物到哺乳动物包括人类，胰岛素/类胰岛素生长因子信号途径 [insulin/insulin-like growth factor (IGF)−1 signaling，简称IIS途径] 都可以调节寿命的长度。在果蝇中，IIS途径调节多种生理过程，包括寿命、压力应激、生长和发育。阻断IIS信号通路，如突变关键组分 dInR 或 CHICO，或者过表达IIS途径的负调节子dPTEN或dFOXO，都可以使果蝇的寿命显著延长。

雷帕霉素靶标信号途径和自噬

在果蝇中，雷帕霉素靶标（target of rapamycin, TOR）信号途径和IIS信号途径，都是生长和个体大小的重要调节子。研究者们通过过表达dTsc1和dTsc2（TOR信号途径的关键抑制子），或者负调控TOR信号途径的下游响应子*S6K，都能够显著延长果蝇寿命，这表明抑制TOR信号途径可以延长寿命。基因组分析显示，当TOR信号途径被抑制时，营养摄入过程中相关基因的表达发生变化，这种变化在多个物种包括人类当中都是保守的。这种延寿机制可能与饮食限制延寿的生理过程有类似的机制。自噬是由真核细胞溶酶体介导的降解过程，是细胞应对饥饿和外界压力的一个重要应激反应。在果蝇中，该反应被TOR信号途径抑制调控。研究发现，当自噬作用增强时，果蝇寿命被显著延长。例如，在果蝇的神经系统中表达自噬基因Atg8a，能够使果蝇增加50%的寿命。

氧化应激

活性氧（reactive oxidative species, ROS）是氧的一类单电子还原产物。若活性氧产生后不能及时消除，将会形成高活性的羟基自由基，对很多生物大分子

---

* 调节子：对机体细胞、细胞内的信号通路或DNA转录起到调控功能的因子。抑制子：对信号通路活性起到抑制作用的因子。响应子：受到信号通路调控，并作出响应的功能性蛋白质或分子。

如核酸、蛋白质和生物膜等造成氧化损伤。

人们认为，在衰老过程中，活性氧在体内不断积累，从而缩短了寿命的长度。为验证这种假设，研究者们在果蝇体内过表达超氧化物歧化酶和过氧化氢酶，使超氧阴离子转化为过氧化氢，进而催化分解为水和氧气。结果表明，随着活性氧被大量消除，果蝇的寿命显著延长。同时，若沉默果蝇体内编码超氧化物歧化酶的基因，则果蝇的寿命被明显缩短。因此，可以确定氧化应激与寿命相关。

腺苷酸活化蛋白激酶信号通路

在果蝇中，腺苷酸活化蛋白激酶信号通路（adenosine monophosphate activated kinase, AMPK）是一条与能量相关的信号通路，参与脂肪酸的合成与氧化。研究表明，当果蝇不同组织中（肌肉、脂肪体、神经元）的 AMPK 信号通路被激活时，果蝇寿命得以显著延长。人类也拥有 AMPK，因此通过激活 AMPK 而延长寿命是可能的。

保幼激素

保幼激素（juvenile hormone, JH）是一类维持昆虫幼虫形状和促进成虫卵巢发育的激素。它在幼虫蜕皮期间与蜕皮激素一起，保持了幼虫的形态。在成虫期，保幼激素产生自咽侧体，且功能已不同于幼虫时期，而影响昆虫的卵巢成熟、学习、迁移、滞育和天然免疫等生理现象。在果蝇研究中发现，通过遗传学方法敲除咽侧体，减少保幼激素的产生，果蝇寿命会显著延长。

健康地变老

"你无法延长生命的长度，却可以把握它的宽度；无法把握生命的量，却可以提升它的质。"法国文学家托马斯·布朗（T. Brown）爵士这段富有哲理的名言，几百年来，引发了多少人对生命价值的思考，给予了多少人以人生的启迪！人们所期望的"长生不老"，既包含了"长生"，同时又包含了对"不老"的期盼。生命的长度固然重要，但是生命的质量同样重要或者更重要。任何人都希望能够有质量地活着，而不是辗转于病榻之上苟延残喘。

如果把我们的机体比作一台精密的机器，这台机器在不停运转的同时，也在不停地消耗与磨损。其中任何一个零件出了问题，最终都会影响机器的使用寿命。也就像工厂中的机器一样，为了抵消运转时产生的损耗，生物机体内也存在着一套高效的维护机制，以修理损坏的分子零件，清理所产生的各种垃圾分子。

细胞作为组成生物机体的最小功能单元，其稳态维持是组织、器官稳态及机体整体稳态维持的基础。如果细胞不能维持稳态的过程，机体的局部零件就会出现问题，即使机体整体状态尚好也难以维持，并最终对生命釜底抽薪。因此，关于细胞稳态维持的研究，对解决衰老及保持机体活力的问题至关重要。

那么，如何在细胞层面维持稳态和活力？经过研究人们意识到，首先需要的是蛋白质稳态的维持。目前比较广泛接受的概念是，"垃圾蛋白质"的堆积，破坏了细胞内蛋白质的稳态，这是造成衰老和老年疾病的很重要原因。在模式生物中的研究表明，细胞内的细胞自噬，在蛋白质的清理过程中起到了重要的作用。在"年轻"细胞中，细胞自噬的活力要明显高于"年老"细胞。利用果蝇作为疾病模型而建立的老年疾病——阿尔茨海默病的研究模型显示，激活自噬可以减轻Aβ蛋白在神经细胞内的大量积聚，减少这种病的发病程度。以果蝇为模式生物的研究表明，饮食限制可以提高伴侣蛋白介导的蛋白质稳态，并加速细胞的自我更新。研究还表明，成年小鼠喂食雷帕霉素，可以在提高细胞自噬的同时，延长小鼠寿命。因此，蛋白质的稳态维持，对于细胞稳态以至于机体稳态、寿命的延长、质量的提高，均发挥重要作用。

活性氧的存在是衰老的另一重要推手。一方面生命离不开氧的存在，这是我们生存的基础条件之一。带有含氧离子团的活性氧，主要在细胞的能量工厂——线粒体中产生。线粒体是负责传递能量的搬运工。微量的活性氧是维持细胞正常生理活动所必需的。而另一方面，带有含氧离子团的过量的活性氧，又可以通过氧化反应损伤不饱和脂肪酸、蛋白质、核酸等生命所必需的物质。正常细胞内有一整套完善的机制来清除多余的活性氧。当活性氧含量上升时，超氧化物歧化酶（SOD）、过氧化氢酶等抗氧化酶的表达也会上升，迅速将过多的活性氧消灭。同样，活性氧的清除也与年龄呈负相关。随着年龄的增长，机体内清除活性氧的效率明显降低。对果蝇等模式生物的研究表明，转录因子 HSF1（heat shock factor 1，热激因子 1）、Nrf2 及 ATF3 可以诱导抗氧化反应，降低活性氧的过度累积，从而提高细胞的活力。还有研究表明，饮食限制同样可以导致 BDNF、FGF2 以及机体内源的一种组蛋白去乙酰化酶抑制剂 βOHB 的增加，降低氧化压力，从而增加细胞寿命，改善机体的健康情况。

长生不老药

通过长寿内源机制的研究，科学家们对寿命调节的关键基因或因子加深了认识，他们开始寻找可以靶向促进或阻断此类基因或因子的有效化合物。目前，在果蝇研究中发现以下化合物有显著的寿命延长效果：雷帕霉素、亚精胺、白藜芦醇、布洛芬和辛伐他汀等。

雷帕霉素是一种大环内酯物，最初从吸水链霉菌中分离得到。在果蝇研究中发现，喂食雷帕霉素能够使果蝇寿命延长。延寿的内在机制是通过 TOR 信号途径的分支——TORC1 途径，影响自噬和蛋白质翻译过程。亚精胺广泛分布于生物体内，是由腐胺（丁二胺）和腺苷甲硫氨酸生物合成。当给果蝇喂食含有亚精胺的食物时，果蝇寿命显著延长。其内在机制是通过诱导增强自噬作用，抑制细胞的坏死。白藜芦醇是天然的多酚类化合物。在果蝇研究中发现，白藜芦醇通过激活 SIRT1，延长了果蝇寿命。

除了上述化合物，还发现镇痛消炎药物——布洛芬可以延长雌性果蝇的寿命，他汀类药物——辛伐他汀通过增强心脏健康而使果蝇寿命延长，但是它们延寿的具体机制尚未清楚。

利用果蝇模型所验证的化合物延寿效应，确实令人振奋，其能否作用于人类非常值得期待。

展望

人为什么会衰老？怎样才能长寿？千百年来，人们一直试图去回答，迄今未有确切的答案。然而随着科学的发展，已经逐渐有可能解答这一挑战人类智慧的问题。包括果蝇在内的模式生物，对于这一过程的推进，作出了不可磨灭的贡献。这是因为，果蝇寿命较短，提供了一个合理的实验窗口，以便系统研究长寿及衰老的问题；并且果蝇的遗传学基础与哺乳动物高度同源，为转换到人衰老及衰老相关疾病的研究，提供了一个前瞻性的实验模型。

未来，在利用果蝇研究长寿的过程中，以下方法与方向将会是研究的热点：一是利用新一代DNA测序技术，深度发掘影响寿命的基因信号通路（如非编码微小RNA）、表观遗传学机制；二是利用代谢组学方法，探究小分子代谢物对寿命调节的影响；三是利用化学生物学的方法，揭示新的延寿小分子化合物。

"长风破浪会有时，直挂云帆济沧海。"终究会有一天，人类可以完全揭开细胞健康存活、机体健康长寿之谜，远离衰老带来的疾病与痛苦，让自身机体的每个细胞、每个器官都"青春永驻"。

第5章

果蝇与疾病

　　人类文明的发展史，从某种程度上讲，就是一部不断与疾病作斗争的历史。

　　中国传统医学四大典籍《黄帝内经》《难经》《伤寒杂病论》和《神农本草经》，无不基于先人们对生命现象的长期观察、大量临床实践，以及对经验教训的总结。可是由于研究方法和手段的局限，古人想了解疾病、发现治疗方法，常常需要以身试药，以牺牲健康甚至生命为代价，不断进行尝试和摸索。最经典的例子莫过于"神农尝百草"。神农氏为弄清所有草药的习性，终因进食断肠草而去世。再比如在中外医疗史上著名的"放血疗法"，它虽然治好了唐高宗的"头眩不能视"，却治不好乔治·华盛顿（G. Washington）的呼吸困难。归根结底，要治疗一种疾病，就必须从根本上了解这种疾病的本质；要运用一种疗法，就要深入全面地掌握这种疗法的机理。否则，就无异于将患者生命托付给飘忽的运气。

　　随着16世纪医学革命的兴起和人体解剖学的建立，人类对疾病的认识逐渐朝着科学化、系统化的方向发展。人们逐渐意识到，很多疾病，尤其是现代人常见的癌症、肥胖病、心血管病、免疫疾病以及神经退行性疾病等，无论致病原因还是发病过程，都异常复杂，而仅仅依赖于以病人为研究对象，观察和描述临床症状，已不足以探究疾病发生的原因。

　　若要对疾病从遗传、分子、细胞、生化等水平进行深刻的了解和认知，就需要构建相关疾病的动物模型，以实现无法直接在人身上做的科学实验，最终揭示疾病发生的内在机制和外在因素，寻找全新的作用靶点和治疗方法，并加以实验验证。

果蝇模型研究人类疾病的优势

自从摩尔根（T. H. Morgan）利用果蝇为研究对象，建立了遗传的染色体理论以来，果蝇已成为研究人类疾病最早也是应用最广泛的动物模型之一。与其他动物相比，果蝇作为疾病动物模型有如下优势：

第一，果蝇有体积小、实验成本低、繁殖力强、生长周期短（室温下约两周）、便于表型分析等优点，非常适合实验室科研之用。

第二，实验用果蝇的遗传背景清楚，相应的研究技术成熟、全面。果蝇模型经过上百年的研究和应用，发展出非常丰富的遗传学工具，如平衡器染色体*、增强子陷阱技术、定点同源重组技术、Gal4/UAS系统，以及基因敲除技术或基因编辑技术等（相关内容在本书其他章节已有详细介绍，此处不再赘述）。需要指出的是，由于果蝇模型的遗传学背景清楚，因而这种模型在研究和分析环境因素对疾病的影响时，格外简单明确。果蝇模型不仅可应用于研究遗传因素在疾病发生中的作用，而且可揭示环境因素以及这两者相互作用对疾病发病和进程的影响。

第三，果蝇与哺乳动物及人类在遗传基因、分子作用机制、生化反应以及信号通路等很多方面高度保守。大约77%的人类致病基因，在果蝇中可找到同源基因。高等动物里往往存在多个基因执行同一功能的现象，当其中一个基因的功能下降或缺失时，其他同功基因会相应地上调以弥补其不足，此即所谓基因冗余（genetic redundancy）现象。相比之下，果蝇基因冗余的情况要少得多，这使得对基因功能缺失的研究得以大大简化，便于科学家们鉴定某一个基因的主要生物学功能。当然最重要的是，对果蝇同源基因的功能和作用机制的研究，可以提示人类相应基因的功能和作用机制，这是利用果蝇模型来研究复杂的人类疾病之最根本原因和原动力。

---

* 平衡器染色体，一种用于防止同源染色体在减数分裂时期发生DNA片段交换的遗传工具，一般具有以下3个重要特征：（1）抑制同源染色体DNA片段交换；（2）常含有显性标记基因；（3）纯合致死或影响生殖。

果蝇"病人"来看病（蔡康非 图）

构建人类疾病果蝇模型的主要方法和局限

目前用于构建人类疾病果蝇模型的方法主要有3种。

第一种是正向遗传学方法。它利用甲基磺酸乙酯处理、转座子插入等技术，诱导果蝇基因发生突变，从中筛选跟所感兴趣的人类疾病表型类似的突变体，再进一步鉴定该果蝇品系中发生突变的具体基因，以此推测可能导致该疾病发生的人类同源基因。但是，要定位（mapping）某个果蝇突变体里，究竟哪个基因的突变导致了该疾病的类似表型，并不是一件简单的事情，特别在新一代的测序技术蓬勃发展起来之前。另外，利用这种方法筛选的突变体果蝇，即便表型与某种疾病的临床表现相似，也不意味着该基因就一定与这种疾病相关。因此，利用此方法构建的人类疾病模型，具有相当程度的不确定性。

第二种是利用逆向遗传学方法，从已知人类致病基因的果蝇同源基因出发，利用果蝇模型中成熟的遗传学工具，使该基因降低表达、不表达或过表达，或者诱导该基因发生突变，使得该基因的产物发生活性降低或升高、定位异常、蛋白质修饰异常、降解障碍等，以此研究该基因的正常生理功能，以及在疾病过程中所发挥的作用。人类神经退行性疾病的很多致病基因，可以在果蝇基因组中找到其同源基因。比如阿尔茨海默病的致病基因 *App*（编码致病淀粉样蛋白 Aβ），它在果蝇里的同源基因是 *Appl*。有趣的是，科学家们发现，果蝇中的 *Appl* 基因过量表达，会造成神经元突触间信息传递功能的紊乱，这为研究 Aβ 以及 *App* 基因突变导致阿尔茨海默病的发病机制，提供了新思路。需要注意的是，并非所有疾病的致病基因，都能在果蝇基因组中找到同源基因，比如帕金森病的致病基因 *SNCA*，目前尚无果蝇同源基因的报道。

第三种方法即直接将人类致病基因导入果蝇基因组中进行表达。比如利用 Gal4/UAS 系统，将人源的致病基因或其突变体，特异性地表达在与该疾病相关的细胞或组织中，从而构建具有该疾病表型和病理变化的果蝇模型。利用这种方法构建的人类疾病模型，不要求果蝇基因组具有相应致病基因的同源基因，而是基于人源基因在果蝇的细胞组织中发挥相同或相近的功能，具有相同或相近的信号调节通路，存在相同或相近的作用机理，借此对该致病基因或其突变导致疾病发生的整个过程，进行全面深入的研究。此类方法的局限性在于，只适用于致病基因或其突变体是因表达水平升高、蛋白质活性异常增加或获得性毒性等导致疾病发生的情况，而对基因功能缺失或下降所导致的人类疾病，则难以通过此类方法建立起相对应的果蝇模型。

神经退行性疾病的果蝇模型

神经退行性疾病（neurodegenerative diseases, ND）是一类主要由于大脑和脊髓神经元结构与功能衰退、丧失甚至死亡而导致的疾病，也是利用果蝇模型研究得最多的人类疾病。常见的神经退行性疾病包括多聚谷氨酰胺病（poly-glutamine disease, poly-Q disease）、阿尔茨海默病（Alzheimer's disease, AD）、帕金森病（Parkinson's disease, PD）和肌肉萎缩侧索硬化病（amyotrophic lateral sclerosis, ALS）等。

除了前文介绍过果蝇在遗传学方面具有突出的优势之外，果蝇模型之所以被广泛用于神经退行性疾病研究，还基于 3 个方面的原因。第一，较之大鼠、小鼠等啮齿类模式动物，果蝇相对短暂的生活史使其在较短时间内（约1～3个月）即可重现神经退行性病变的全过程。第二，较之酵母、线虫等更低等的模式动物，果蝇具有与哺乳动物类似的、由神经元和神经胶质细胞共同构成的完整而复杂的神经系统。第三，对果蝇有很多方便实用的神经退行性表型的检测实验。比如，果蝇成虫的爬行实验（climbing assay）就是根据果蝇逆向趋地性爬行的习性，而发展出的用于观测和评价果蝇运动能力的实验方法：果蝇神经系统中致病蛋白质所产生的毒性，若引起运动神经元退化或死亡，会导致果蝇爬行能力的丧失。此方法可用于模拟poly-Q、PD、ALS等相关神经退行性疾病中运动功能的进行性退化。再比如果蝇的嗅觉记忆实验，可用来评估AD果蝇模型中类似AD患者的学习记忆方面的认知功能障碍。

主要人类神经退行性疾病的果蝇模型

人类神经退行性疾病		代表性致病基因	果蝇模型的主要病理变化和表型
阿尔茨海默病（Alzheimer's disease, AD）		APH1A和APH1B、APP、APLP1和APLP2、BACE1、Fe65/ApBB1、HSD17B10/ERAB、MARK3、NCSTN、PSEN1和PSEN2、PEN2/PSENEN、Tau(MAPT)	产生淀粉样蛋白聚集，压力感受器官发育受影响，突触信息传递功能紊乱，神经元变性，记忆能力下降，寿命缩短等
帕金森病（Parkinson's disease, PD）		SNCA、PARK2(parkin)、PINK1、DJ1/PARK7、LRRK2、HTRA2	多巴胺能神经元死亡，路易小体形成，线粒体形态功能异常，突触功能减弱，自噬受损，运动功能异常，睡眠紊乱，嗅觉障碍等
多聚谷氨酰胺病（poly-glutamine, poly-Q disease）	1型脊髓小脑性共济失调(spinocerebellar ataxia, SCA1)	ATXN1	细胞内出现蛋白质聚集，形成核内包涵体，神经元进行性退化，运动功能衰退，寿命缩短等
	3型脊髓小脑性共济失调(spinocerebellar ataxia, SCA3)	ATXN3/MJD	
	亨廷顿病(Huntington disease, HD)	HTT	

(续表)

人类神经退行性疾病		代表性致病基因	果蝇模型的主要病理变化和表型
多聚谷氨酰胺病 (poly-glutamine, poly-Q disease)	脊髓延髓肌肉萎缩 (spinal-bulbar muscular atrophy, SBMA)	AR	细胞内出现蛋白质聚集,形成核内包涵体,神经元发生进行性退化,运动功能衰退,寿命缩短等
肌肉萎缩侧索硬化病 (amyotrophic lateral sclerosis, ALS)		SOD1、ALS2、SETX、FUS、VAPB、ANG、TARDBP、FIG4/SCA3、OPTN、C9orf72	神经元变性、缺失,神经轴突退化,爬行障碍,寿命缩短,蛋白质聚集,突触结构功能异常,神经胶质细胞应激等
额颞叶痴呆 (frontotemporal dementia, FTD)		C9orf72、CHMP2B	神经元变性、黑色素沉积等
脆性X染色体综合征 (fragile X syndrome)		FMR1	GABA能神经环路功能异常,突触可塑性损伤,认知能力损伤,求偶行为异常等
脊髓性肌肉萎缩 (spinal muscular atrophy, SMA)		SMN	谷氨酸受体缺陷,选择性肌肉萎缩等
天使综合征 (angelman syndrome)		CDKL5、MECP2、UBE3A	爬行障碍,昼夜节律异常,长时程记忆缺陷,发育异常等

poly-Q病的果蝇模型

多聚谷氨酰胺病（poly-Q病，Q是谷氨酰胺的缩写）指的是由于相关基因中编码谷氨酰胺的CAG重复序列的过度扩增而引起的一类神经退行性疾病，包括亨廷顿病（Huntington disease, HD, 因病人以舞蹈症状为突出的临床表现，故此病也称作"亨廷顿舞蹈病"）、脊髓延髓肌肉萎缩（spinal bulbar muscular atrophy, SBMA）和诸多类型的脊髓小脑性共济失调（spinocerebellar ataxia, SCA）等。1998年，美国宾夕法尼亚大学博尼尼（N. Bonini）实验室和美国加州大学洛杉矶分校的齐普尔斯基（L. Zipursky）实验室先后运用果蝇复眼（主要包含感光神经元）表达人类马查多-约瑟夫病（Machado-Joseph Disease, MJD）致病基因*SCA*3和HD致病基因Huntingtin (*Htt*)的CAG重复序列，发现果蝇复眼出现明显的退行性病变。研究者们发现，CAG重复序列所编码的poly-Q蛋白，具有神经毒性；其所导致的神经退化程度，与CAG重复序列的长度及表达水平呈正相关。在这些模型基础上，科学家们发现了很多参与poly-Q疾病发生发展的重要调控机制，比如分子伴侣、蛋白酶体、自噬等在维持神经细胞正常功能中起重要作用，而且这些物质的异常，导致或加剧了poly-Q疾病的机理等。*SCA*3和*Htt*的转基因果蝇，是最早被利用来构建人类神经退行性疾病模型的尝试，开了此类研究之先河，并很快被推广和应用到其他人类退行性疾病的研究之中。

AD疾病的果蝇模型

阿尔茨海默病（AD）俗称老年痴呆，临床上表现为认知功能下降、行为障碍和生活能力下降等。这是目前最常见的神经退行性疾病类型。2015年的统计表明，全世界大约有2 980万人患有AD，主要患者为65岁以上老年人。在这个老年人群中，大约每100人就有6人患此病。AD的主要病理特征为大脑神经元间隙的淀粉样斑块和神经元内的神经原纤维缠结。其中淀粉样斑块的主要成分为淀粉样蛋白Aβ，它是由其前体蛋白质APP在β-和γ-分泌酶共同作用下的酶解产物。编码γ-分泌酶的基因如果发生突变，就会使得Aβ增加并聚集成淀粉样斑块，进而产生神经毒性；而神经原纤维缠结，则是由tau蛋白的过度磷酸化和聚集造成的。利用转基因方法分别构建Aβ和tau的转基因果蝇，模拟AD发病的特征，研究Aβ和tau在AD进程中的作用，科学家们相继发现，Aβ可以通过诱导内质网应激，扰乱自噬囊泡的清理，激活JNK信号通路等方式，引发神经细胞死亡；而磷酸化的tau蛋白在破坏微管蛋白稳定性，扰乱突触运输等方面的作用机制，也得到了研究和揭示。

PD疾病的果蝇模型

帕金森病（PD）是另外一种常见的神经退行性疾病，其主要临床表现为肌肉僵直、震颤和进行性运动迟缓等，主要病理特征为大脑中多巴胺能神经元的退化和死亡。此外，在PD病人的神经元中，还经常发现一种路易小体（Lewy body），主要是由PD致病基因突变或细胞应激等因素造成的α-核突触蛋白（α-synuclein）形成不可溶的淀粉样聚集。虽然果蝇体内并不存在编码α-核突触蛋白的同源基因，但将带有突变的编码α-核突触蛋白的人类基因 *SNCA* 放在果蝇神经元中表达时，该转基因果蝇也会表现出很多与PD病人类似的症状，如路易小体形成，多巴胺能神经元死亡，果蝇运动能力衰退等。除了遗传学方法，药物诱导也是构建人类疾病动物模型的一种常用手段，特别在构建PD的果蝇模型中有很好的应用。比如，人们发现将一种叫作"鱼藤酮"的药物加入果蝇食物中，会引起果蝇多巴胺能神经元死亡和运动功能障碍。鱼藤酮作用于细胞的线粒体，阻碍ATP的产生，是一种农业生产中常用的杀虫剂。长期以来人们认为，鱼藤酮仅对水生动物有害，而对其他人畜安全，不污染环境，但是通过此类疾病果蝇模型的构建和研究，科学家们更好地认识了环境因素在漫长的岁月中对疾病发生与发展的影响。

ALS疾病的果蝇模型

肌萎缩侧索硬化病（ALS）俗称"渐冻症"，是一种致命的运动神经元疾病，主要表现为大脑和脊髓中的运动神经元退化和死亡，进而引起肌无力、萎缩等临床表现，最终导致病人瘫痪、呼吸衰竭而死亡。ALS的主要病理特征是神经元内形成大量不可溶的聚集体，其中大多含有TAR DNA结合蛋白（TAR DNA-binding protein, TDP-43），而编码这一蛋白质的 *TARDBP* 基因的突变，也是导致家族性ALS的致病原因之一。此外，已知的ALS致病基因还包括 *SOD*1、*FUS*、C9*orf* 72等。以这些人源致病基因构建的ALS果蝇模型，呈现出进行性的神经元退化、爬行能力衰退、寿命缩短等表型，很好地模拟了ALS病人的临床症状。通过研究果蝇的ALS模型，科学家们陆续发现了线粒体功能、RNA稳态和突触功能等方面的功能和调节，在ALS中起了重要的作用。为认识ALS的发病机理，筛选和开发治疗ALS的药物与方法，提供了理论基础与研究平台。

坐轮椅的 ALS 果蝇（蔡康非 图）

运用果蝇模型研究其他人类疾病

果蝇模型不仅为人类神经退行性疾病的研究作出了重要贡献，对于人类其他疾病如肿瘤、免疫疾病、肥胖病和糖尿病、睡眠紊乱、神经损伤和再生等的研究，也有颇大的贡献。

例如，科学家们成功构建了果蝇的瘤形成、瘤入侵和瘤转移模型，不仅可借此对肿瘤的发生、生长、转移等展开分子机制的研究，也为筛选和研发抗肿瘤药物提供了一个快速高效的平台。果蝇具有半开放式的循环系统，其中的血淋巴细胞（hemocyte）参与发育、感染、创伤和愈合、炎症免疫乃至肿瘤发生和转移等多个生物过程的调控，是研究天然免疫以及免疫相关疾病的很好模型。果蝇也是研究摄食行为与能量代谢的很好模型，特别是运用果蝇模型发现了与肥胖和糖尿病相关的调节基因（modifier），对于揭示营养和代谢的感应信号通路，阐明肥胖和相关疾病的发病机制，发挥了重要作用。

对于睡眠的研究，长久以来依赖哺乳动物和人作为研究对象，以记录脑电信号作为主要研究手段，但是对睡眠分子机理方面的研究则相对滞后。近十几年逐渐发展起来的果蝇睡眠模型，填补了这方面的空白。通过大规模的遗传学筛选实验，发现了具有睡眠紊乱表型的突变体果蝇，并进一步研究了其中突变基因的功能和调控；进而通过果蝇模型研究，揭示导致人类睡眠紊乱的致病基因之作用机理。科学家们对睡眠的分子遗传学机制的认识，由此达到了前所未有的高度。

神经损伤和再生，是人类疾病研究的前沿和热点问题。运用果蝇模型对此展开研究，则是一次全新的尝试。特别是果蝇成虫翼神经束损伤模型，巧妙地利用了果蝇翅膀所具有的半透明光学特性和非生存必需的生物特性，摒弃了此类疾病哺乳动物模型对外科手术和神经解剖的依赖，使得活体神经成像和实时观测成为现实，也大大方便了大规模筛选实验的实施，为进一步发现和揭示调控神经损伤和再生的分子调控机制以及筛选药物靶点，奠定了良好的基础。

展望

科学家们利用果蝇模拟人类疾病的临床症状和病理特征，借助果蝇强大的分子遗传学优势和研究工具，构建人类疾病的果蝇模型；并以此展开大规模筛选实验，发现未知的、调控疾病发生发展的重要基因和分子，研究其背后的分子作用网络和细胞调控信号通路。不仅如此，果蝇模型也越来越多地被引入化合物和小分子筛选实验，用于寻找潜在的药物靶点，开发治疗人类疾病的新药物与新策略。

在后基因组时代，我们预期这一领域将会持续发展，为全面、深入地认识人类疾病发生的内外因素，并为药物筛选等转化研究，提供更多、更宝贵的信息。

第6章

果蝇与愈合再生

古希腊神话中有个巨人叫普罗米修斯，他因为偷盗火种给人类而受到众神之王宙斯的惩罚。普罗米修斯被绑在悬崖上，任由老鹰啃噬他的肝脏而遭受痛苦，可是作为长生不老的神，他的肝脏能够每晚愈合、再生和复原。

那么在现实生活中，我们的身体和器官可以再生吗？

愈合与再生的生物多样性

从严格的意义上说，愈合与再生是两个不同的概念，但两者在机体组织损伤修复的过程中，又经常是相辅相成的。愈合是指伤口长好，再生则是指缺失的机体组织或细胞被替换和复原。因此再生，尤其细胞的再生，经常是伤口愈合过程中的一个重要步骤。

然而，有些愈合过程也可以不需要细胞再生。反过来，伤口愈合也可以是机体组织再生的第一步。这些都取决于损伤发生的具体情况与部位。就拿肝脏来说，其实我们的现实生活距离神话传说并不那么遥远。普通人的肝脏尽管不能像普罗米修斯那样一夜就复原，但它也具有很强的修复和再生能力。在临床上，正常人的肝脏在切除2/3后都可以再长回来。这是因为手术后剩余的肝脏细胞能够很快地进行补偿性的分裂增殖并长大。人体的其他器官或机体组织，虽然能在一定程度上进行损伤修复，却并没有肝脏这么强的再生能力。这就是愈合与再生能力的多样性。

上述多样性不仅存在于生物体内的器官和组织里面，也存在于动物界的个体当中。比如爬行动物中壁虎可以断尾求生，蝾螈断肢后可以再生复原。无脊椎动物中水螅和涡虫身体的任何部分都可以再生。这些物种具有令人惊讶的超强再生能力。而人类和其他大部分哺乳动物，截肢后是无法再生的，甚至连伤口的愈合也不能尽善尽美，从而留下瘢痕。不过有趣的是，人类和很多哺乳动物在胚胎时期伤口的愈合是无痕的。这说明愈合与再生的能力即使在同一个体中，也会随着机体的生长发育而变化。

那么，愈合与再生的多样性，是由什么因素决定的呢？我们能够调控这些多样性，从而找到促进创伤愈合与机体再生的方法吗？关于这些问题的答案，有赖于我们对生物体内愈合与再生的过程进行机理性研究。

果蝇作为研究愈合再生的模式生物

小小果蝇作为传统的模式生物，已有100多年历史。如今，它在生物学研究中的应用，更从早期的遗传学和发育生物学，拓展到了生命科学的各个研究领域，而愈合再生也是其中之一。

作为昆虫家族的一员，果蝇并没有如壁虎、蝾螈、水螅和涡虫那般强悍的再生能力，但它作为受研究历史悠久的模式生物，我们对它体内各种组织、各个器官的生长发育过程，已经有了非常全面的了解。除此之外，我们可以通过精细的遗传学手段，在果蝇体内进行单细胞水平的基因表达调控。这些都是别的生物所无法比拟的。正因为如此，果蝇胚胎和幼虫的表皮层、幼虫的成虫盘、成虫的生殖和肠道系统，已经逐步发展成为研究愈合与再生之理想载体。

果蝇胚胎和幼虫的表皮层与创伤愈合

室温下果蝇胚胎的发育持续约22小时。在这一进程当中，胚胎背部位于羊浆膜细胞群（amnioserosa, AS）下方的一个开口会逐步闭合。此闭合过程需要开口两侧的表皮组织向中部迁移、接触和融合。这与创伤愈合中细胞的运动过程是非常相似的。因此通过实时成像技术，果蝇胚胎背部的开口闭合，被用来模拟和研究细胞及表皮组织在伤口愈合过程中的动态。

研究揭示了开口两侧表皮组织的迁移，需要与 AS 细胞群的收缩和消失协同作用。在此过程中，AS 细胞群通过自身的向内收缩，引导两侧的表皮组织向背部中线延伸、迁移和最终合拢。除了这些细胞水平的运动变化，胚胎背部的开口闭合也被用来研究创伤愈合在分子水平上的调控机制。相关研究表明，细胞骨架、黏连蛋白以及 JNK（c-Jun N-terminal kinase, c-Jun N 末端激酶）和 Wnt/Wg 等信号通路，在开口闭合过程中起重要作用。

除了背部的开口闭合，胚胎侧面的表皮层也被用来研究创伤愈合，尤其是机械损伤后的细胞恢复过程。在这些研究中通常用激光等手段造成定点的表皮组织损伤，然后观察其恢复过程中细胞和分子水平的变化。

同样，果蝇幼虫角质皮层下的表皮层，也常被用来做此类研究。胚胎和幼虫的表皮组织，有很强的创伤愈合能力，而且小范围的创伤不会导致胚胎或者幼虫死亡。这些就使得在体内实时研究创伤愈合过程成为可能，再加上在果蝇中可以运用强大的遗传学工具，故而果蝇胚胎和幼虫的表皮层，已被用来大范围地筛选创伤愈合的调控基因。

与胚胎背部的闭合过程相似，表皮组织的创伤愈合过程也需要细胞骨架、黏连蛋白及 JNK 等信号通路的协同作用。毫不夸张地说，在果蝇中的这些研究揭示了创伤愈合的基本细胞学过程和分子调控机理。

果蝇幼虫的成虫盘与组织再生

果蝇在胚胎发育完成后，就进入幼虫期。果蝇幼虫体内有一系列的成虫盘，这些成虫盘是由胚胎表皮内陷而形成的，它们会在幼虫阶段逐渐生长成为袋状双层的盘状表皮组织。再经过蛹的阶段，成虫盘最终发育分化为成虫身体的一系列附属器官，包括触角、复眼、翅、口器、足和生殖器，以及头、胸等部位的外骨骼。成虫盘中的表皮细胞由于具有很强的分裂增殖能力，已经被广泛用于组织再生的研究。

研究中用得最多的是眼成虫盘和翅成虫盘。早在20世纪70年代，人们就把翅成虫盘在体外分割培养，以研究其各部分的再生能力。由此发现了翅成虫盘上有不同的信号传导区域和存在于这些区域交界处的生长信号指挥中心。在体外分割培养实验中，只有在部分信号指挥中心未被切除的情况下，再生才能完成。进一步研究发现，这种物理切除后的再生，与爬行动物的断臂再生相似，都需要经历细胞骨架重组、创伤愈合以及形成再生芽基的过程。因此，果蝇的成虫盘能够帮助我们了解这些生物学变化过程及其背后涉及的调节信号通路。

除了物理切除，我们也可以用遗传学手段来诱导成虫盘的创伤，由此可以观察成虫盘在体内环境中的再生和恢复过程。比如说，我们可以在成虫盘中特定的一些细胞中表达或激活细胞凋亡的诱导基因，从而就可以观察细胞在凋亡过程中与周围健康细胞的互动，以及这一过程对愈合再生的贡献。在有关的研究中，一个有趣的发现是受损的凋亡细胞能分泌生长信号物质，从而诱导周围细胞的补偿性增殖。自从这一现象在果蝇中被发现以来，越来越多的研究表明，这种物质广泛存在于其他动物包括哺乳动物中，并且与受损组织的愈合再生息息相关。除此之外，这一现象也与肿瘤的生长有关。这是因为，很多肿瘤细胞是遗传上受损的细胞，且不受细胞凋亡过程的控制。这样的话，受损但是不死的肿瘤细胞，可以通过诱导异常的细胞补偿性增殖，不断促进肿瘤组织的增生。

综上所述，果蝇幼虫的成虫盘已经并将继续用于再生机理及其与肿瘤关系的研究。而值得注意的是，果蝇成虫盘的表皮细胞虽具有很强的分裂增生能力，却并不是多能干细胞。其他生物中的很多再生过程却与干细胞的分化有关。那么，果蝇中有这样通过干细胞进行再生的系统吗？

果蝇成虫的生殖、肠道系统与干细胞介导的组织再生

成年果蝇的一些器官，比如说生殖系统包括雌性的卵巢和雄性的精巢，是

有干细胞的。20世纪初对于果蝇卵巢中生殖干细胞的研究，首次通过实验证明了干细胞微环境*的存在，及其对维持健康干细胞的重要作用。这一概念现在已经被干细胞研究领域所广泛接受。

果蝇卵巢中有16～20个卵巢管。生殖干细胞位于每个卵巢管的顶端。它们的微环境是由其周围3种体细胞合作形成的。这个微环境所发出的信号，以及干细胞所处位置能够接收到的信号强弱，决定了干细胞是自我更新、增殖还是分化。与此类似，雄性果蝇精巢中的生殖干细胞也是受其所处微环境精密调控的。但不同于卵巢中干细胞分布于各个卵巢管中，精巢中的所有干细胞（7～12个）都集中在其顶端。这些干细胞都与一群已分化的枢纽细胞相连，并且被胞囊母细胞所环绕。上述细胞之间相互协调作用，调控着精巢干细胞的维持及分化。

正是基于对这些细胞构成方面的深入了解，果蝇的卵巢和精巢已成为研究干细胞与其微环境相互作用的理想模型。在这些模型中，运用遗传学手段造成体细胞的损伤或缺失，就能精确观察干细胞是如何增殖与分化来修复损伤的。

除了生殖系统，果蝇的肠道尤其是中肠，也成为研究干细胞介导再生的理想模型。果蝇的中肠与人的小肠相似。由于肠壁的表皮细胞经常受损进而凋亡，因此肠道干细胞需要不断自我更新、增殖和分化，以维持肠壁细胞种类和数量的平衡，也即达成组织稳态。在这一过程中，肠道干细胞可以自我更新、增殖，也可以分化成成肠细胞。在特定信号作用下，成肠细胞再进一步分化成吸收养分的肠上皮细胞或内分泌细胞。研究表明，肠上皮细胞每1～2周就要全部更新一次，由此可见肠道干细胞数量大而且非常活跃。这就使得果蝇的中肠很适合研究干细胞的维持、调控与再生。除此之外，肠道细胞构成的稳态维持和肠道干细胞的分裂增殖调控能力，还与果蝇的衰老过程息息相关。基于此，果蝇的中肠也越来越多地被用于研究衰老的调控机理。

---

* 在细胞生物学中，微环境（niche）指能对干细胞产生影响的周围结构及成分，包括干细胞附近的功能细胞和基质细胞，以及结合在细胞外基质上的各种生长因子与细胞因子等。也参见本书72页第二自然段有关内容。

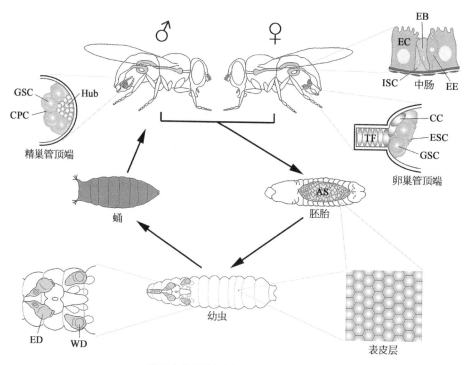

果蝇中常用于愈合与再生研究的组织

果蝇的生长周期包括胚胎、幼虫、蛹和成虫4个阶段。其胚胎背部的开口闭合以及胚胎和幼虫的表皮层，常被用来研究创伤愈合过程中的细胞运动及分子机理。果蝇幼虫的成虫盘是研究组织再生的良好模型。果蝇成虫的中肠、卵巢和精巢则越来越多地被用于研究干细胞在组织再生中的作用。AS：羊浆膜细胞群；ED：眼成虫盘；WD：翅成虫盘；ISC：肠道干细胞；EB：成肠细胞；EE：内分泌细胞；EC：肠上皮细胞；GSC：生殖干细胞；TF：端丝（terminal filament）细胞；CC：cap细胞；ESC：escort细胞；Hub：hub细胞；CPC：胞囊母细胞。（特此感谢曲娜女士倾力绘制此图）

展望

在超过百年的果蝇研究历史中，我们对于小小果蝇中所蕴藏的巨大潜力不断有所发现。这些也让我们一步步更深入地认识了人类与自然。而怎样调控机体组织的损伤恢复和再生，一直是摆在我们面前的一个谜。由果蝇研究赋予我们的精细的遗传学手段与清晰的细胞水平模型，将继续引导我们去探究其中的奥秘。

第7章

果蝇与免疫

固有免疫（innate immunity）是多细胞生物体防御病原体感染的第一道防线，在生物进化的早期即已出现。与获得性免疫（adaptive immunity）不同，多细胞生物的固有免疫系统是与生俱来的。固有免疫系统由表皮、体液中的免疫分子以及免疫细胞所构成，与获得性免疫最大的不同是机体不需要从新的病原体感染中获得"训练"，即可发挥免疫功能。固有免疫系统在植物、真菌、昆虫和原始多细胞动物中是最为主要的病原体防御机制。

昆虫和哺乳动物相比，没有成熟的获得性免疫系统，并且它们的生活栖息地多存在于各种病原体环境中，因此昆虫作为世界上最繁盛的动物类群，其固有免疫系统是它们生存与壮大的最重要保证。

果蝇是固有免疫研究的极佳模型

果蝇是遗传背景清晰的模式动物，在2000年已完成全基因组测序和基因图谱的详细绘制。20世纪初，果蝇已经被摩尔根用来进行系统的遗传学研究。100年的积累，使得果蝇研究拥有了成熟的遗传操作工具。各种突变系种质资源的存在，极大地促进了基因敲除、补回、高表达、组织特异性表达、RNA干扰（RNAi）等各种遗传操作。特别是平衡子（果蝇中可在有丝分裂期抑制同源染色体重组的姐妹染色单体）的存在，使得果蝇的突变体能够被方便地保种。这是其他模式生物研究系统所不具备的优势。

人类固有的免疫应答包括抗菌肽、补体激活途径、甘露糖结合凝集素和各种炎症相关细胞因子的表达和调控。而巨噬细胞（macrophage）、树突细胞（dendritic cell）、中性粒细胞（neutrophils）、自然杀伤细胞（NK）和γδ-T细胞（T γδ lymphocyte），是人类固有免疫的主要参与细胞。果蝇固有免疫信号通路没有人类那么复杂，但在免疫反应的主要信号通路和机制上，与人类是高度保守的。以果蝇作为固有免疫研究的模式生物，可以给人类和其他哺乳动物固有免疫的最保守调控机制的研究，提供简单而快速有效的模型。霍夫曼（J. A. Hoffmann）因为揭示果蝇Toll信号通路介导的抗菌肽表达调控机制，而赢得了2011年诺贝尔生理学或医学奖。

果蝇的固有免疫主要有3种方式：体液免疫；细胞免疫；黑化作用。

体液免疫是指机体受到病原微生物感染后，脂肪体产生抗菌肽杀死病原微生物。果蝇脂肪体一共可以分泌7种抗菌肽，它们由21个基因进行编码，抗菌肽的表达由Toll和IMD信号通路进行调控。Toll和IMD信号通路分别对革兰氏阳性菌/真菌和革兰氏阴性菌的感染起作用。Toll信号通路在免疫系统的进化上高度保守，与哺乳动物TLR（Toll-like receptor，Toll样受体）信号通路高度同源，而IMD信号通路和哺乳动物里的肿瘤坏死因子（TNF）信号通路有着十分相似的调控机制。

细胞免疫是指果蝇血淋巴细胞通过吞噬或者包囊化作用来清除外来病原微生物，Jak-STAT信号通路则是果蝇应对DNA/RNA病毒感染时的一种抗病毒机制。

黑化作用是指果蝇受到病原体感染或者受到创伤时，含晶细胞分泌的无活性酚氧化酶前体蛋白（proPO）会被激活，随后激活的PO伴随一系列生化反应，合成具有杀菌活性的苯醌；而苯醌进一步形成黑色聚合物附着于伤口，促进伤口的愈合和病原体的杀灭。

果蝇的固有免疫信号通路

果蝇固有的免疫相关信号通路，主要包括Toll、IMD和Jak-STAT。这3条信号通路在进化过程中高度保守。

Toll 信号通路是研究得相对透彻的果蝇固有免疫信号通路。这条信号通路的调控机制与人类 TLR4 信号通路十分类似，而且通路的核心成员也是进化上保守的同源蛋白质。它不仅可以帮助果蝇免疫革兰氏阳性菌和真菌的感染，同时也是果蝇发育的重要信号传导通路。果蝇体内存在着无活性分泌性的 Spätzle 蛋白前体 proSpätzle，Spätzle 分子在结构上相当于人的细胞白介素 17（IL–17）。果蝇受到革兰氏阳性菌或者真菌感染时，病原体的细胞壁成分如赖氨酸型肽聚糖和 β–1,3–葡聚糖就会被肽聚糖识别受体 PGRP–SA、PGRP–SD 以及革兰氏阴性菌结合蛋白 GNBP1 或者 GNBP3 所识别，从而激活 Spätzle 处理酶 SPE。SPE 对 proSpätzle 进行水解激活，产生有活性的 Spätzle（Spz）蛋白。Spz 与细胞膜上的 Toll 受体结合，通过一系列具有死亡结构域的接头蛋白（dMyD88、Tube 和 Pelle）对信号进行传递，最终激活 Toll 信号通路终端的 2 个 NF–κB 样转录因子 Dif 和 Dorsal，启动下游蛋白质如 Drs、Mtk 等抗菌肽的表达。另外，革兰氏阳性菌和真菌的一些毒力因子，也能通过 Persephone 蛋白激活 SPE，从而激活 Toll 信号通路。

IMD 信号通路是在研究果蝇一个隐性突变体的功能时发现的，主要参与革兰氏阴性菌感染的应答，同时也是免疫和衰老研究的热点信号通路。它的调控机制与哺乳动物的 TNF（tumor necrosis factor，肿瘤坏死因子）信号通路十分类似。IMD 蛋白大小约为 25 kDa（千道尔顿），在序列上和哺乳动物 RIP 蛋白（TNF 作用蛋白）高度同源。在系统性免疫应答时，PGRP–LC 和 PGRP–LE 识别革兰氏阴性菌细胞壁上的二氨基庚二酸型肽聚糖（DAG 型肽聚糖），从而激活 IMD 以及下游一些死亡结构域的接头蛋白（dFADD 和 Dredd）对信号通路进行传导，最终激活 Relish 这个 NF–κB 样转录因子，启动抗菌肽（attacin）和双翅肽（diptericin）抗菌蛋白的表达。

在哺乳动物中，Jak–STAT 信号通路总共有 4 个 Jak 蛋白（Jak1、Jak2、Jak3 和 TYK2）和 7 个 STAT 蛋白（STAT1、STAT2、STAT3、STAT4、STAT5A、STAT5B 和 STAT6）。Jak–STAT 信号通路在哺乳动物细胞中可以调控干扰素（interferon）抵抗病毒对机体的感染，可以激活中性粒细胞和巨噬细胞，同时也可以调控 B 和 T 细胞的发育，促进获得性免疫应答。Jak 和 STAT 在果蝇中分别都只有一个同源物，即Hop和Stat92E，序列上分别和哺乳动物中的Jak2和STAT5同源性最高。在果蝇中，Jak-STAT能被细胞因子unpaired家族（Upd、Upd2和Upd3）所激活。尽管Jak-STAT信号通路在果蝇中的效应物如TotM、Vir-1、Upd2和Upd3没有抗病毒的活性，但是它能响应多种病毒的感染。也有证据表明，这条信号通路功能受阻或者缺失，都会导致病毒载量的升高，以及受感染果蝇生存率的下降。除了抗病毒作用，Jak-STAT的另一重要功能就是对干细胞特别是血液干细胞和中肠干细胞增殖分化的调控，维持感染或者免疫过程中组织/器官功能和形态的稳定。

果蝇的固有免疫器官

果蝇的固有免疫器官，主要是脂肪体、血淋巴以及中肠。

脂肪体（fat body）是果蝇系统免疫反应中最为重要的器官。另一方面，果蝇脂肪体能把多余的热量转换为脂肪，进行能量的储存，或者代谢脂肪，供给机体能量。因此，果蝇脂肪体还类似于哺乳动物里的肝脏和白色脂肪。在系统性固有免疫反应中，脂肪体是抗菌肽的主要表达场所，起到主要的免疫功能。免疫反应是十分消耗能量的生命活动，免疫反应和能量代谢是当前免疫调控机制的热点。果蝇脂肪体是机体能量代谢和系统免疫的主要场所，因此是一个十分理想的免疫和代谢研究模型。

果蝇血淋巴由3种细胞组成，分别是浆细胞（plamatocyte）、薄层细胞（lamellocyte）和含晶细胞（crystal cell）。果蝇造血干细胞的分化发育，以及造血干细胞分化发育与固有免疫调控的机制，是当前研究的热点。果蝇血淋巴细胞的来源，首先是由胚胎时期头部中胚层分化出的少量血细胞。进入幼虫时期，果蝇会经历一个造血过程，这个过程的主导器官是由中胚层发育而来的淋巴腺（lymph gland）。在造血过程中，果蝇淋巴腺的造血干细胞（hematopoietic stem cell）会大量分裂，并分化出浆细胞、薄层细胞和含晶细胞。浆细胞在血淋巴细胞中的比例超过90%，是血淋巴细胞应对细菌感染的主要免疫细胞。最新研究还表明，浆细胞有继续分化成薄层细胞以及含晶细胞的能力。eater受体位于浆细胞的细胞膜，是介导浆细胞对革兰氏阴性菌/革兰氏阳性菌进行吞噬的最主要受体。果蝇在血腔遭受细菌感染的时候，浆细胞也能够分泌一定量的抗菌肽，但其更重要的功能是参与细胞免疫反应的吞噬作用（phagocytosis），对入侵的细菌性病原体进行吞噬和清除。现在有的研究表明，神经退行性疾病如阿尔茨海默病（Alzheimer's disease），也是自身免疫性疾病。有趣的是，果蝇肠道感染引起的免疫应答，也会导致浆细胞的在脑部的聚集，加重阿尔茨海默病模型果蝇的疾病进程。薄层细胞是3种血淋巴细胞里体积最大的血细胞，主要负责包囊化作用，在健康果蝇体内数量稀少，受到免疫刺激后可由浆细胞分化而来，对外源大体积的异物或者寄生虫/寄生虫卵的感染进行包裹和清除。含晶细胞的主要免疫功能是参与黑化作用。它能够分泌proPO。在果蝇遭受病原体感染后，机体激发proPO激酶（prophenoloxidase-activating enzyme）的级联反应，产生有活性的酚氧化酶PO。PO在酪氨酸氧化酶的催化下，以苯酚为底物生成对微生物有很强毒性的苯醌。苯醌进一步聚合成黑色素在伤口处沉积，能促进伤口愈合和抑制微生物生长。

　　果蝇肠道系统分成前肠（foregut）、中肠（midgut）和后肠（hindgut）。前肠与后肠都是由外胚层发育而来，而中肠是由内胚层发育而来的。中肠占了果蝇肠道的绝大部分体积，是肠道免疫的主要部分。中肠干细胞以及一系列干细胞相关分子标记物已被发现。现阶段的研究多数集中在中肠的局部免疫反应，特别是中肠干细胞与免疫损伤-恢复的肠道稳态调节机制。在消化道的局部免疫反应中，前肠与后肠都能进行Toll和IMD信号通路应答，而中肠只能进行IMD信号通路的应答，这应该是由它们发育来源于不同的胚系细胞，最终造成细胞背景的差异所致。但非常有趣的是，Jak-STAT这个一般与细胞增殖分化调控相关的信号通路，可以在中肠细胞中促进3个果蝇毒素（drosomycin）家族基因的表达。中肠主要由肠上皮细胞、肠分泌细胞构建而成。在肠道稳态调控中，干细胞分裂增殖，并分化为成肠细胞，然后进一步最终分化为肠上皮细胞和肠分泌细胞，对受损或者老化的细胞进行替换，维持肠道形态结构和功能的稳定。在肠道细胞的更新中，EGFR、Notch、Jak-STAT和Hippo信号通路在果蝇中肠干细胞的增殖分化中都起重要的调控作用，Wnt能对中肠干细胞进行调控，只是刺激干细胞增殖的能力稍弱。

RNAi 机制与病毒免疫反应

尽管Jak-STAT信号通路在一定程度上赋予了果蝇抵抗病毒的能力，但现阶段有明确证据的最有效和最重要的抗病毒机制，是RNA干扰（RNA interference, RNAi）机制。虽然异源双链RNA（dsRNA）会导致大多数哺乳动物细胞启动干扰素应答机制，但RNAi机制对某些干扰素机制水平低下或缺乏的未分化/低分化细胞的抗病毒能力，仍是十分重要的。因此，RNAi机制虽不属于固有免疫范畴，但在昆虫和哺乳动物抗病毒反应中不可或缺。RNAi机制最先在植物中得以发现，随后在果蝇中发现RNAi对RNA病毒感染有强烈抑制作用，并且果蝇中针对病毒感染的RNAi机制是Dicer2途径依赖性的。当RNA病毒感染果蝇后，随之释放出来或者在复制/转录过程中暴露出来的异源双链RNA，会启动Dicer2途径，对异源双链RNA进行切割，从而中断感染进程。Dicer2 RNAi途径同样对DNA病毒感染起到抗病毒作用。这是因为DNA病毒基因在转录过程中会产生一些二级结构，例如二级结构中的一些发夹结构形成类双链异源RNA，这种结构能够启动Dicer2依赖的RNAi途径。

展望

对果蝇固有免疫的研究，为我们认识这个进化上高度保守的机制，作出了非常突出的贡献，并且已经为研究者赢得了一个诺贝尔奖。现阶段也出现了很多新兴的研究热点，例如表观遗传与免疫调控、神经系统与免疫系统互作、血液/肠道干细胞增殖分化与免疫调控、神经退行性疾病与免疫调控、病毒/细菌入侵生物体的具体机制，以及免疫调控和衰老发生发展等新领域。随着生物技术的发展，诸如CRISPR/Cas9和高通量测序使得我们能够对哺乳动物甚至人类的细胞进行非常快速的遗传操作，获得研究所需的突变体或者转基因动物/细胞。

即使到今天，果蝇依然有着遗传背景清晰简单，生长周期短，核心机制与哺乳动物保守，实验成本低等优势。这些优势将促进我们对固有免疫本质的认识，并最终为人类健康服务。

第8章

果蝇与死亡

对于一段生命的结束，我们总是感到哀伤难过，但是从发育的角度去检视，死亡可能同时象征着生命另一阶段的展开。

1951年，格吕克斯曼（A. Glucksmann）首先发现脊椎动物在发育过程中会有细胞死亡（cell death）的现象，并且透过此机制使组织器官得以重新发育及改变形态。此后数十年，细胞死亡的相关研究陆续获得结果，如今已清楚了解细胞死亡是生物体用来调控组织发育的一种机制，透过细胞死亡可以清除掉不需要的组织。而且，这个现象存在于各种多细胞生物中，例如线虫、果蝇及哺乳类，并在这些不同层次的生物里具有高度的保守性。

一般而言，细胞死亡有3种方式：细胞凋亡（apoptosis）；细胞坏死（necrosis）；细胞自噬（autophagy）。

细胞坏死

细胞坏死的现象首先在1971年被澳大利亚科学家克尔（K. M. Kerr）所观察到。他发现，细胞在面临高度生理压力时，会有细胞器肿大、细胞膜破损的现象发生，最后此细胞会崩解。初期的研究认为，细胞坏死是细胞遭遇破坏时才会发生的现象，意味着细胞本身无法控制坏死的发生。不过，随后有越来越多的证据显示，生物体也会透过计划性细胞坏死的机制，来调控发育。

然而在果蝇模式中，至今仍未厘清细胞坏死发生在哪个发育阶段，以及在此期间，组织会如何被引发及调控。目前科学家仅仅发现，在果蝇卵子生成（oogenesis）的过程中，滋养细胞（nurse cell）在后期会将其细胞质传送给卵母细胞（oocyte），而滋养细胞本身则会逐渐死亡，且其死亡的细胞形态有些类似于坏死的表型。同时，无论是抑制凋亡，还是抑制自噬性细胞死亡，都无法有效地阻止滋养细胞死亡，因此科学家们推论，滋养细胞死亡的机制，可能就是通过细胞坏死。但是其中的细节仍有待于更加详细的研究。

细胞凋亡

到了1972年，克尔（J. F. Kerr）、怀利（A. H. Wyllie）和柯里（A. R. Currie）三人发现另一种细胞死亡现象。这不同于细胞坏死，有些即将死亡的细胞会变圆且缩小，整个细胞内含物包括细胞核内染色质，都变得高度浓缩，不过细胞膜仍保持完整。到最后，萎缩的细胞会被周遭或是免疫细胞所吞噬。此现象被命名为细胞凋亡。

也因为在发育过程中，细胞凋亡常会在特定的时间点被启动，所以它也被认为是程序性细胞死亡（programmed cell death）的一种。目前最熟知的细胞凋亡调控蛋白就是半胱氨酸蛋白酶家族蛋白（caspase family protein），而且此蛋白酶的作用在不同的生物体中都是相似的。哺乳动物细胞在接收到凋亡信号时，会促使线粒体释放细胞色素c（cytochrome c）及凋亡抑制蛋白（IAP）的拮抗蛋白（SMAC、ARTS），细胞色素c会与Apaf1（apoptotic protease activating factor-1，细胞凋亡蛋白酶激活因子-1）结合，并促进凋亡体（apoptosome）的形成。接着，凋亡体会吸引半胱氨酸蛋白酶进行作用，将下游目标蛋白质分解，进而完成凋亡过程。

从1969年开始，就有科学家在果蝇系统中陆续利用突变技术，找到调控凋亡的相关基因。而其中最重大的发现是在1994年，施特勒（H. Steller）团队将果蝇第三对染色体上的75C1-2片段进行敲除后，凋亡就停止。他们进一步去寻找，在这个片段中有哪些调控细胞凋亡的重要基因。基因 *reaper*（代表死神的意思）及 *hid* (head involution defective，头部内卷缺陷)*从而被找到。随后在 1996 年，艾布拉姆斯（J. Abrams）团队在同一个染色体片段里找出另一个同样关键的基因——*grim*（也具有死神的含义）。此后，Reaper、Hid、Grim 也被简称为 RHG，作为凋亡机制里相当重要的蛋白质家族。此外，在果蝇中还发现了与哺乳动物同源的凋亡抑制蛋白（dIAP）。

一般情况下，果蝇的凋亡抑制蛋白会跟半胱氨酸蛋白酶结合，阻止细胞凋亡的发生。一旦细胞接收了特定信号（如蜕皮激素，ecdysone），凋亡因子（RHG）会被大量表现，此时凋亡因子可以和凋亡抑制蛋白结合，使之无法发生作用，进而使得细胞开始进行凋亡反应。总括起来说，果蝇细胞的凋亡机制很大程度上与哺乳动物细胞雷同，差别在于果蝇细胞是通过基因调控来增加凋亡因子，而哺乳动物的凋亡因子本来就存在于线粒体之中，只是在受到刺激时会被释放到细胞质中。

而在生物体发育过程中，目前已知细胞凋亡具有重要的调控地位。在哺乳动物中最广泛知悉的就是手指的发育。一些两栖动物所需的脚蹼，对于哺乳动物来说已不需要，因此哺乳动物在发育过程中，会借助细胞凋亡机制，使指间多余的细胞死亡，最后长出手掌的形态。

另一方面，凋亡机制也参与果蝇周边神经系统树突感觉神经元（dendritic arborisation sensory neuron）及中央神经系统蕈状体（mushroom body）γ神经元的修饰（pruning）。在发育初期，神经元的数量是非常多的，其中包含了许多不必要的神经细胞，因此在蛹的发育过程中，透过蜕皮激素的刺激，*Sox*14 基因会被大量表达，然后 Sox14 蛋白可以去活化一些蛋白质分子，来调控细胞骨架的构成，使得多余的神经元被切除。不过，其中详细的机制目前尚未明朗。其最后是让正确的神经元重新生长出来。直到羽化之前，多余的神经元碎屑会被神经胶质细胞（glial cell）所吞噬和清除。

---

* *hid* 的命名是因为研究人员发现，该基因发生突变时，果蝇头部发育时细胞死亡的现象会被抑制。

细胞自噬

最近20年，科学家们积极研究一种新颖的细胞现象：细胞内出现双层膜构造的囊泡，而且此囊泡内还包覆了其他的物质或细胞器。这个现象早在20世纪60年代初期就被发现，比利时科学家德杜韦（C. de Duve）进而称之为细胞自噬（autophagy，它在拉丁语中有"自己吃自己"的意思）。到了1993年，日本科学家大隅良典（Y. Ohsumi）完成细胞自噬研究历史上的一大壮举。他利用酵母菌当模式生物，发现了细胞自噬相关基因（autophagy-related gene, *ATG*），并一步步地建构出这些细胞自噬调控蛋白的相互关系与功能。他也因此获得了2016年诺贝尔生理学或医学奖的殊荣。

细胞自噬被认为是帮助细胞存活的重要机制。当细胞遭受生理压力时，无论是饥饿、病原体感染，还是氧化压力，都会促使细胞形成双层膜自噬体。最后自噬体会与溶酶体（lysosome）结合，溶酶体内的各种酶会把自噬体内的物质分解，以供细胞所需。而在果蝇模式中，诺费尔德（T. Neufeld）团队首先利用脂肪体观察到了与哺乳生物、线虫相同的细胞自噬现象。

又有许多研究发现，自噬不仅在帮助细胞存活中扮演调控角色，而且在细胞要进入死亡时，同样具有相当重要的正向调控功能。贝雷克（E. Baehrecke）与库马尔（S. Kumar）的研究发现，在果蝇变态的过程中，存在许多原本在幼虫的组织中必须被清除或是转化成新形态的组织，而细胞死亡的机制会被它们激活。像幼虫的唾液腺（salivary gland）及中肠（midgut）在变成蛹的阶段，通过蜕皮激素的刺激，会降低Ⅰ型PI3K的活性。不同于Ⅲ型PI3K，Ⅰ型PI3K会提高TOR的活性，进而抑制细胞自噬的发生。因此，蜕皮激素能够促进细胞自噬的发生，并且实际也观察到了细胞凋亡相伴随而产生。

不过有趣的是，科学家在果蝇中肠细胞里表达凋亡抑制蛋白p35，或是让各种半胱天冬氨酸蛋白酶（caspase）发生突变，都无法阻止中肠在发育中降解。这表明在中肠的细胞死亡现象中，细胞凋亡并非最重要形式。反之，在唾液腺细胞内阻断凋亡机制，便会使唾液腺的分解停止，显示出发育所引发的唾腺细胞死亡，是由凋亡与自噬并行调控的。

细胞自噬除了调控果蝇发育过程中的细胞死亡，斯滕马克（H. Stenmark）

团队还发现，它在其他组织中也扮演了重新塑造组织形态（remodeling）的角色，例如脂肪细胞。果蝇的脂肪组织类似于哺乳动物的肝脏及脂肪，在幼虫时期负责储存营养成分及产生能量。在成蛹的过程中，脂肪组织会从原本叠层的构造逐渐被解离成一个个独立的细胞，而这些细胞在成虫阶段会被分解掉。在此过程中，凋亡机制并非主要的调控者。然而，当科学家把自噬的路径阻断时，发现凋亡的程度会大幅提升。这显示出，细胞凋亡与自噬在脂肪组织的重塑（remodeling）中起着互相平衡的作用。

展望

从过去数十年的研究中，我们可以由果蝇系统了解细胞凋亡与细胞自噬的详细机制，而且这些机制在其他模式生物中同样可以发现。未来还有许多需要研究的课题，包括凋亡与自噬两者究竟在什么样的环境下，如何互相平衡与调控。而且过去的许多研究仅止于细胞的层面，但在更高等的生物体上，这些发现是否同样适用呢？另外，在许多疾病中，无论是癌症还是神经退行性疾病，各自也都有人们熟知的凋亡与自噬方面的重要机制；但是对于两者之间的关联，仍有许多尚待研究的空间。

果蝇虽然简单，貌似微不足道，但是我们相信，通过这小小的生物，未来绝对能够在上述研究课题上获得更加详尽透彻的知识。

第9章

果蝇的癌症

癌症现在已成为人类健康的最主要敌人之一，而且随着人类寿命的不断延长，患癌的风险也随之增高。在与癌症战斗的过程中，我们神奇的吸露者——果蝇，作出了不少贡献。

癌症究竟是怎样一种病？

关于癌症的记载，很早就出现在中国和其他国家的古籍上。以前的人们对于癌症的发生有各种解释。由于古时人类寿命普遍较短，加上饮食和环境方面的污染明显少，因此相对于现代人类，古时癌症发生的概率很低。古埃及人把癌症归咎于上帝的惩罚；我国传统的中医则认为，外感六淫、内伤七情和饮食劳倦等引起阴阳失衡、脏腑失调，最终会诱发癌症。

现代科学研究发现，癌症实质上是一种遗传疾病。它是因为我们体内的某些细胞，在分裂过程中获得了一些突变，这些突变导致细胞分裂增殖的异常。所有多细胞生物中的细胞，都会面临一个抉择：是继续分裂增殖，还是停止分裂？在发育过程中，这种调控体现在细胞如何平衡其数量与分化上。在成年以后，如何维持一定的细胞数量，以及细胞在何时何地增殖，都是受到严格限制的。只有在细胞受损或衰老的情况下，细胞的分裂和增殖才会发生。而我们的基因组中存在大量抑制或促进生长、分裂及增殖的基因。

人类的肿瘤分为良性肿瘤（benign tumor）和恶性肿瘤（malignant tumor）两类，恶性肿瘤就是我们通常所说的癌症（cancer）。良性肿瘤表现为细胞增殖异常，但细胞本身的结构或细胞内物质分布的不对称性能够正常维持，也不浸润周围组织，通常只须手术去除肿瘤即可治愈。恶性肿瘤除表现为细胞增殖异常，还表现为细胞的不对称性遭破坏，细胞分化停止，控制细胞正常分裂增殖的机制出现异常，导致细胞分裂增殖失控，而成为癌细胞。这些癌细胞能侵入周围正常组织，或者经过体内血液循环系统或淋巴系统，转移到身体其他部位，最终在身体多个组织器官内造成肿瘤发生。

果蝇是怎样与癌症研究联系起来的？

果蝇作为一种多细胞模式生物，其细胞增殖调控的基本原理，与哺乳动物没有多大差别。事实上，很多与生长调控有关的信号通路，都是最先在果蝇中发现的。近年来，通过大规模基因组测序和功能基因组研究，发现大多数与人类疾病相关的基因，在果蝇基因组中都可找到同源基因；而与人类癌症相关的基因，同样在果蝇中存在，并起着重要的作用，其调控异常在果蝇和人体内都可能导致肿瘤发生。

与人类肿瘤一样，果蝇肿瘤也可分为两类，即增生性肿瘤（hyperplastic tumor）和赘生性肿瘤（neoplastic tumor）。果蝇的增生性肿瘤类似于人类的良性肿瘤，而果蝇的赘生性肿瘤雷同于人类的恶性肿瘤。这些相似性，为以果蝇为模式生物研究人类肿瘤，提供了坚实的理论基础。

果蝇对癌症研究的贡献

果蝇作为多细胞模式生物，一个最大的优点是可以进行大规模的体内遗传筛选。不管采用的是20世纪70年代末期经典的早期胚胎发育基因的筛选，还是后来开发的修饰筛选（modifier screen）和克隆筛选（clonal screen），都可以高效地进行体内遗传筛选。大量涉及信号传导及生长控制的基因和信号通路，都是最先在果蝇中通过这些遗传筛选而得以发现的，比如 Hedgehog 信号通路、Notch 信号通路和 Hippo 信号通路等。这些信号通路都与肿瘤发生及癌症形成有着千丝万缕的密切联系。

致癌基因及抑癌基因的发现

癌症的发生通常涉及多个基因的突变，而这些基因分为两类，即抑癌基因（cancer suppressor gene，也称肿瘤抑制基因，tumor suppressor gene）和致癌基因（oncogene，亦简称为癌基因）。

抑癌基因在正常时起抑制细胞增殖和肿瘤发生的作用。当其两个等位基因突变缺失或失活，细胞增殖的抑制被解除，细胞进行反复甚至无限的分裂增殖，就会导致肿瘤的发生。1967 年，加特夫（E. Gateff）和施奈德曼（H. A. Schneiderman）发表了果蝇的第一个肿瘤抑制基因，因其突变导致幼虫肥大死亡，而被命名为 *lethal giant larvae*（*lgl*），这也是在所有物种中发现的第一个肿瘤抑制基因。在正常生理条件下，*lgl* 在维持表皮细胞的不对称性和调控细胞的不对称分裂等方面起着非常重要的作用。后续的研究发现，人体内有 *lgl* 的 2 个同源基因，分别命名为 *Hugl*-1 和 *Hugl*-2。它们的突变或表达水平降低，跟一些人类肿瘤包括前列腺癌、黑素瘤、卵巢癌、结肠癌、胃癌和子宫内膜癌等密切相关。直到 1972 年，人类的第一个肿瘤抑制基因才被发现，因其突变导致视网膜母细胞瘤，而被命名为 *retinoblastoma*。此外，最近 20 年来，多个实验室以果蝇为模型，发现了多个肿瘤抑制基因。继而迅速在人类和其他哺乳动物中发现了与它们相对应的肿瘤抑制基因，最终发现它们都属于 Hippo 信号通路。这是迄今为止发现的最重要的肿瘤抑制信号通路。

致癌基因在正常情况下负责调控细胞和机体的生长发育。它们通常编码与生长、分裂和增殖调控相关的信号通路的重要蛋白质；而它们一旦不正常地过量表达或者突变被激活，就可能导致机体生长发育失控。比如受 Hippo 信号通路调控的 *yorkie* 基因，当其过量表达时，果蝇细胞大量复制增殖，从而形成肿瘤。与果蝇 *yorkie* 基因相对应的致癌基因 *yap* 很快在人类中被发现，其异常扩增见于多种人类癌症中。另一个例子是 *Ras*，它是一个非常普遍的致癌基因，其激活突变被发现于20% ~ 30%的人类肿瘤中。虽然 *Ras* 不是最先在果蝇中发现，但其完整的信号通路是用果蝇眼睛为模型首次阐明的。

以上种种研究表明，果蝇作为一种重要的多细胞模式生物，对发现人类致癌基因和抑癌基因，及其所在的完整信号通路，起着至关重要的作用。

肿瘤发生的机制研究

以果蝇作为一种模式生物，科学家积累了丰富的遗传学实验技术。其中对于肿瘤研究最有用的一种遗传学技术，是"细胞克隆分析"。这种技术用到有丝分裂的染色体重组，由此可以在一个杂合体机体内制造纯合体突变细胞。如果这个细胞携带致癌突变基因，很可能就会长出肿瘤来。整个过程跟癌症的发生相似。利用这种技术，果蝇遗传学家可以模拟肿瘤发生的过程，研究组织微环境对于肿瘤生长的影响。

在肿瘤发生中，有一个让人们不解的现象：同一个致癌基因，为什么只在特定的组织器官中才引发肿瘤呢？利用果蝇翅成虫盘进行研究，笔者的实验室发现了肿瘤发生的"热点"及"冷点"。它们的差异在于细胞所处组织的构造，以及是否存在诱导生长的信号。这类研究可以促进我们对肿瘤发生之组织特异性的理解。

考虑到果蝇与人类致病基因的高度保守性和遗传易操作性，越来越多的研究用果蝇来模拟人类各种癌症，以期发现其新的作用机制。最近，邓武民实验室以果蝇为模型，研究人类恶性横纹肌瘤（malignant rhabdoid tumor）。癌症的发生与突变的累积密切相关，所以癌症更多见于中老年人身上，但恶性横纹肌瘤主要发生在婴幼儿身上。对人类和其他哺乳动物的研究一致表明，恶性横纹肌瘤是由于 *SMARCB*1/*SNF*5 突变引起的。果蝇 *snr*1 基因与人类 *SMARCB*1/*SNF*5 高度保守。SMARCB1/SNF5和Snr1作为染色质重塑复合物SWI/SNF的核心组分之一，过去几乎所有研究都认为，它们抑制肿瘤的发生与细胞核内染色质重塑的功能即调控基因表达密切相关。但邓武民实验室对果蝇成虫盘的研究表明，Snr1抑制肿瘤的发生，可能不与或不仅仅与其细胞核内染色质的重塑功能有关，更可能通过维持细胞质内正常的内吞路径（endocytic pathway）来实现。以果蝇为模型发现的Snr1抑制肿瘤发生的新作用机制，将为揭示恶性横纹肌瘤的致病机理打开另一扇门，也为寻找对抗恶性横纹肌瘤的新药提供新的思路。

癌细胞转移及微环境的研究

癌症的发生是一个复杂的过程，除了缘于致癌因素复杂，其最致命的特点是癌细胞很容易扩散和转移，而癌症一旦扩散和转移，常规的手术和化疗基本无济于事。因此，知道癌症扩散和转移的机制，对预防良性肿瘤的癌变和治疗癌症，都是非常重要的。

最近，利用果蝇肿瘤转移模型进行大规模的遗传筛选，薛雷实验室发现Myc能有效地抑制肿瘤对周围组织的浸润和转移。他们的研究进一步证实了，在体外培养的人类肺癌细胞中高表达 Myc 的同源基因cMyc，也能减缓肺癌细胞的迁移；而降低cMyc的表达，则促进肿瘤细胞的迁移。

过去的研究表明，Myc是一个非常重要的致癌基因，在大多数人类癌症中被高水平表达，并与肿瘤的发生密切相关，但有关其在肿瘤细胞侵袭和转移中的作用，仍存在很大争议。薛雷实验室以果蝇为模型的研究，说明了Myc在癌症前期和后期的不同作用，为以后针对Myc为药物作用靶点，提出了新的前景。

癌症的复杂，还表现在癌症的发生和转移与肿瘤细胞所处的微环境有着密切的关系。肿瘤微环境包括肿瘤所在组织的血管、免疫细胞、成纤维细胞、骨髓来源的炎症细胞、淋巴细胞、信号分子和细胞外基质等。最近，以果蝇为研究对象，挪威科学家发现癌细胞从它们周围正常细胞中获取糖和氨基酸等营养物质以供自身生长。美国哈佛大学的研究人员也证实，在胰腺癌患者的肿瘤组织内，氨基酸在周围的健康细胞与癌细胞之间转移。

这一系列的研究表明，果蝇作为一种经典的模式生物，也可以用来研究癌症转移与微环境。

药物筛选

药物筛选是一项费时、费钱又费力的工程。绝大多数备选药物，都因效率或安全的原因，在临床前期或临床测试阶段就失败了。果蝇因为其生长周期短、代价低和易于大规模培养，非常适合高通量的药物筛选。而且果蝇肿瘤生长快，可以同时引入几个突变的基因进行体内筛选（这不同于培养细胞的筛选）。

例如，多发性内分泌腺瘤病（multiple endocrine neoplasia, MEN）是一种家族性的显性遗传性疾病，其发病与原癌基因 *Ret* 的突变和激活有关。这种突变型 *Ret* 称为 *Ret*[MEN]。果蝇 *dRet* 与人类 *Rets* 的表达模式类似。在果蝇眼睛中过量表达突变型 *dRet*（*dRetMEN2A* 或 *dRetMEN2B*），可诱导产生一些与人类 MEN2 肿瘤相似的表型缺陷。

以该眼睛表型为基础，卡根（R. Cagan）实验室发现，给果蝇幼虫喂食一种酪氨酸激酶抑制剂 ZD6474，可以明显抑制 dRetMEN2 相关的表型。

利用果蝇筛选药物（秦雨琦 图）

展望

cachexia（中文意思是极度瘦弱）是癌症引发的一种现象。一般认为 cachexia 是癌症病人死亡的原因。cachexia 的诱发机制一直不清楚。美国国立卫生研究院将其列为癌症未解重大问题之一。

在用果蝇肿瘤模型所进行的研究中，人们发现了类似 cachexia 的现象。可喜的是，cachexia 的诱导机制也在果蝇中弄清楚了。对果蝇的实验证明，恶性肿瘤组织会释放一种叫 ImpL2 的信号分子，这种信号在人类和其他哺乳动物中都是保守的。ImpL2 是一种可分泌的胰岛素生长因子结合蛋白，它通过拮抗胰岛素信号，导致全身极度瘦弱；而降低 ImpL2 在肿瘤中的表达，则可以抑制 cachexia。

以果蝇为模型研究与人类癌症相关的致癌基因和抑癌基因的功能，以及发现新的致癌基因和抑癌基因，可以加速人们对肿瘤发生机制的理解和提供更多潜在的药物作用靶点，为进一步研发抗癌药物奠定理论基础。

虽然目前大多数研究集中在肿瘤相关基因和肿瘤转移机制方面，但随着更多新技术的出现，以及果蝇作为模式生物的独特优势，果蝇可能成为用于抗癌药物高通量筛选和药物作用靶点前期发现的理想系统。

我们可以预见，在未来几十年，果蝇仍将对癌症的研究作出直接与间接的很大贡献。

第10章

果蝇与干细胞

或许有一天，
你也能拔一根汗毛，
吹出若干个你；
如果不能，
那就拔两根。

看我七十二变

这看似神话、笑话、大话，却可能是真话。

事情得追溯到20世纪60年代。有两位科学家——也许是神话故事爱好者——来自加拿大的莫科洛克（E. McCulloch）和堤尔（J. Till），大胆地告诉世人，他们发现血液中有一种神通广大的细胞，称为造血干细胞，能够生产血液中的各类细胞，如红细胞、白细胞、血小板等。这一发现可谓石破天惊，让很多科学家如获至宝，甚至脑洞大开。人们把干细胞也称为"多能细胞"，之后的故事情节愈发动人心魄。

先是发现了胚胎癌细胞是一种干细胞。没过多久，人们就分离出了小鼠胚胎干细胞，继而也分离出了人胚胎干细胞，并进行了体外培养与研究。再后来，大名鼎鼎的克隆羊多利诞生了，不过也将胚胎干细胞克隆技术推上了伦理与法律的风口浪尖。

　　而在2007年，日本的山中伸弥研究小组与美国的汤姆森（J. Thomson）实验室，成功地把普通的人体皮肤细胞转化成为具备胚胎干细胞功能的新型"全能细胞"。此"全能细胞"的获得，无须毁坏人类胚胎，从而不存在争议。"全能细胞"理论上可以发育为神经、心脏、肝脏或其他器官的细胞，也可用于移植，修补受损的器官。自此，人们迎来了干细胞研究如火如荼的时代。

　　人们也不再局限于研究胚胎干细胞，越来越多的人开始关注成体干细胞，包括造血干细胞、神经干细胞、生殖干细胞、表皮干细胞、肠道干细胞等。成体干细胞依旧具有多向分化的潜能，其取材也相对容易，而且从医学角度讲，患者自身的成体干细胞在应用时能够避免移植排斥反应，因而成体干细胞的研究对医学的发展具有重要意义，并逐步成为干细胞研究领域中重要的一部分。

　　如《创世记》中所言：每一株小草，都会依着自己的形象，产生种子，每一个干细胞也会通过细胞分裂，依着自己的形象产生自己的后代，并维持自己的功能。在不同的环境下，干细胞还会通过细胞的分化成熟，逐步形成不同类型的细胞、组织、器官，发挥不同的功能，就像人们会选择不同的人生职业。干细胞通过不断的分裂和分化，形成一个复杂的生命个体，并低调地潜伏在生命体的各个部分，时刻准备着为生命体注入新鲜的力量。干细胞的命运受到精准的调控，一旦无法正常运作，表现在生命个体上的可能就是某些生理异常，甚至严重疾病。

　　人们对干细胞的研究，是对干细胞多能性的深度剖析，也是对干细胞命运选择背后精确调控机制的探究。当我们真正了解了这背后的运作机制，也许有一天，我们就能够像编程一样，精准地操控干细胞的命运，扩增它们，指导它们发育成我们所需要的细胞、组织乃至器官。

小身材大用途

　　要真正很好地利用干细胞，前提是我们对其特性及控制这些特性的分子机制了如指掌。只有这样，我们才能很好地驾驭它们，为人类健康服务。比如，绝大多数体内的成体干细胞，无法在体外有效地加以培养和扩增，也不能在体外很好地调控其分化。这是因为，我们对体内调控它们的分子机制缺乏了解。我们人类或其他哺乳动物体内的细胞，种类和数量实在太多了，结构太复杂了，参与调控的分子太多了。

那该怎么办呢？

现在就轮到主角登场了，这就是小小身材但"五脏俱全"的小飞虫果蝇。果蝇作为一种模式生物，拥有完整的生殖系统、神经系统和消化系统等。就像人们根据鸟儿的特性发明了飞机，根据鱼儿的特性发明了潜艇，我们可以根据小小果蝇体内干细胞的特性，来推断这种细胞在人类体内会有怎样的特性，如何被调控，它们的异常可能带来怎样的疾病等。

果蝇是研究干细胞的优秀模型（刘百川 图）

目前，科学家们已经在果蝇的不同组织中发现了成体干细胞，比如生殖干细胞、肠道干细胞、胃干细胞、神经干细胞、造血干细胞等组织特异的干细胞。不同组织中的干细胞功能及调控的机制虽然有些不同，但在干细胞多能性调控机制的策略上，均有类似的方面，为干细胞与疾病研究提供了参考，正所谓殊途同归。

我们知道，体内大多数细胞是有一定寿命的。它们完成了自己的使命之后便衰老、死亡，由干细胞所产生的新的充满活力的细胞取而代之。但是，体内的干细胞可以终身维持，比如造血干细胞通过持续不断的工作，可以让我们的血细胞每120天更换一次。我们的皮肤细胞至少每个月更新一次，这归功于长久存在于皮肤中的表皮干细胞。

那么这些干细胞是如何得到长久维持的呢？早期人们在研究哺乳动物的造血干细胞时，发现存在于骨髓中的造血干细胞如果移植到脾脏中，它们的功能将慢慢丧失。舍菲尔德（R. Schofield）于是在1978年提出，骨髓可能提供一个特殊的"微环境"（niche），而造血干细胞便存在于这个微环境中，从而得以长久维系。"微环境"这一里程碑式的概念就此提出了。然而是否果真如此呢？这时候，我们就要开始介绍果蝇的生殖系统和生殖干细胞了，因为科学家们就是通过对果蝇生殖干细胞的研究，率先证实了干细胞的"微环境"学说。

果蝇的生殖干细胞

对于哲学家而言，"我从哪里来"是一个抽象的哲学问题；而对于生物学家而言，"我从哪里来"便是一个具体的遗传学问题。

生命起源于受精卵，受精卵则是雌雄生殖细胞一次美丽邂逅的伟大产物。为了更好地了解生命的起源，如果不研究胚胎，那就研究胚胎的"父母"诞生的场所——雌雄两性的生殖系统。科学家们发现了生殖系统中存在干细胞，且数量相对较多，十分便于研究。所以，生殖干细胞作为生殖系统的核心力量，注定了其与生俱来的"明星气质"。无数的生物学家对生殖干细胞进行了研究，也逐步揭开了生殖干细胞的神秘面纱。

在果蝇中，雌性和雄性生殖系统存在许多相似之处，当然也各有特色。

雌性果蝇有一对卵巢，对称排布，每个卵巢由16个卵巢管组成。每个卵巢管的顶端有2～3个生殖干细胞。一只雌性果蝇每天可产卵多达50个，这归功于一直处在活跃状态的生殖干细胞。干细胞与最顶端的帽子细胞（cap cell）相邻。帽子细胞不能增殖，它们抱成一团，一直就待在那里。到后面你就会知道，这些"沉默寡言"的帽子细胞，其实一直在执行着一项极其重要的任务。当生殖干细胞通过有丝分裂产生2个子细胞时，其中一个子细胞保持与帽子细胞接触，成为一个新的生殖干细胞；而远离帽子细胞的子细胞则开始分化，一个分化的子细胞通过一系列的分裂和生长，最终发育成一个成熟的卵。

雄性果蝇有 2 个精巢。每个精巢管的顶端约有 6 ～ 12 个生殖干细胞，围绕在一个由一群抱在一起的"沉默寡言"的细胞组成的中心（hub）周围，就像一片片花瓣包裹着一丝丝花蕊一样。与卵巢类似，雄性生殖干细胞通过分裂产生 2 个子细胞。与"hub"保持接触的子细胞维持干细胞特性，而远离"hub"的子细胞则进一步增殖和分化。一个分化的子细胞经过多次有丝分裂和减数分裂，最终生成 64 个精子。

为了更好地了解生殖干细胞，人们给各类细胞"穿"上了不同的"花衣"，也就是对它们进行分子标记，以方便辨认和追踪。果蝇的生殖干细胞可以通过生殖细胞特有的细胞器的形态，作为鉴定的标记。帽子细胞、hub 和生殖细胞可以通过抗体染色，识别其特有的蛋白质来进行标记。有了这些特异性的分子标记，生殖系统就成了一幅色彩斑斓的图画，我们就能精确地观察并探究生殖干细胞及其微环境的奥秘了。

生殖干细胞的微环境

在 1998—2004 年间，干细胞领域的先行者斯普拉德林（A. C. Spradling）、谢亭（T. Xie）、麦基林（D. McKearin）等人带领他们的实验团队，在果蝇的卵巢中发现了多个重要因子对生殖干细胞的维持起重要作用，微环境的相关研究自此拉开了帷幕。

他们发现，BMP（bone morphogenetic protein，骨形态发生蛋白）信号通路中的 Dpp 信号分子对生殖干细胞的维持不可或缺。Dpp 信号分子从干细胞附近的帽子细胞中产生，并作用于干细胞。当微环境中有过多的 Dpp 信号分子作用于干细胞时，干细胞会异常地兴奋，加速分裂而产生更多的干细胞；当 *Dpp* 突变导致信号分子不足时，干细胞就会慢慢丢失其更新能力而趋于分化。因此，Dpp 是生殖干细胞的一个重要的维系因子。

已知有一个被命名为 *Bam*（*Bag of marbles*）的基因，它的功能改变恰恰与

Dpp的功能改变所导致的表型截然相反。当Bam增多时，干细胞会通过分化而丢失；当Bam缺失时，干细胞就不能分化，这导致干细胞在卵巢中大量积累，形成了一袋袋"多能细胞"的"珠宝"。因此，Bam是一个分化因子，没有它，干细胞就不能分化。

那么，Dpp和Bam之间是否存在某种关系呢？果不其然，研究人员发现，当干细胞中Dpp表达过多时，原本应该表达的Bam消失不见了，此时的干细胞会不断地增殖，却不能分化。经过一系列实验之后，研究人员得出结论：在生殖干细胞中，帽子细胞通过分泌Dpp信号因子，作用于生殖干细胞，抑制生殖干细胞中Bam的表达，从而阻止生殖干细胞的分化。干细胞的微环境学说由此得到证实。

在果蝇的卵巢中，帽子细胞就是生殖干细胞的微环境细胞。它们通过分泌Dpp信号分子，抑制生殖干细胞的分化，从而维持干细胞的未分化状态。类似地，在果蝇的精巢中，由hub分泌的多个信号因子，维持了精巢中生殖干细胞的未分化状态，因此hub就是精巢中生殖干细胞（精源干细胞）的微环境细胞。

之后，谢亭团队又证明了卵巢中帽子细胞的另一重要功能。它们通过细胞表面的黏附因子，像胶水一样牢牢地将生殖干细胞粘住，不让后者离开微环境。有趣的是，当帽子细胞"任性"地离开原位置时，干细胞也会随之搬家，两者可谓"亲密至极"。当然，这种特殊的关系也决定了有限数量的帽子细胞只能够粘住有限数量的干细胞。当帽子细胞增多时，干细胞会相应地增多；如果把信号因子或黏附因子去掉，微环境对干细胞的保护屏障就会消失，干细胞就会丢失或分化掉。

以上研究暗示，在某种意义上，微环境与干细胞同等重要，甚至微环境比干细胞更重要。为什么这么说呢？如果微环境一直处于稳态，那么即使干细胞意外丢失了，通过干细胞移植等方法，还可能重建干细胞体系；然而，如果微环境没有了，干细胞也就不能维持了，即便移植了干细胞也不能得到维持，无法发挥长久的功能。

既然留在微环境中的干细胞，总是维持在一定的数量，那么干细胞每次分裂产生的2个子细胞，又何去何从呢？富勒（M. T. Fuller）研究团队忍不住对它们的去留产生了兴趣。她们发现，雄性果蝇的生殖干细胞在分裂时，对纺锤体的方向有着精确到近乎"强迫症"的控制。在细胞周期中的 G1 期，干细胞中的中心体都位于靠近 hub 细胞的位置。当中心体经历了 S 期完成复制后，其中的一份就会迁移到远离 hub 细胞的一端（大约发生在 G2 期）。只有当这个由中心体控制的纺锤体的方向，垂直于 hub 和生殖干细胞的接触界面时，细胞分裂才能够进行下去。此机制确保了生殖干细胞完成分裂以后，其中一个子细胞会保留在与 hub 接触的位置，继承生殖干细胞的身份，而另一个子细胞则远离 hub 并开始分化，使生殖干细胞的功能和数量达到持久的稳定。

拨云见日

围绕干细胞微环境调控机制的这些精妙发现，让我们真正开始在细胞和分子水平上了解了成体干细胞。除了对生殖干细胞的研究之外，科学家们还通过对果蝇神经干细胞的研究，让人们知道了干细胞的不对等分裂现象，并解析了其中的分子机制。而且通过对果蝇干细胞的研究，科学家们在不断地填补着认知的空白，开拓着未知的世界。

当然，更多的科学问题也随之而来：干细胞为什么具有多能性？是否休眠的干细胞才是真正具有长期活性的干细胞？干细胞如何产生多种不同的子细胞？

最后的这个问题也许会通过近年来对果蝇肠道中发现的肠上皮干细胞的研究而得到答案。这类肠上皮干细胞可以产生两类不同的子细胞，包括吸收型的肠细胞和分泌型的肠内分泌细胞。利用这一相对简单的干细胞体系，还有果蝇遗传学研究的优势以及多种已经开发好的研究工具，相信这个问题在不久的将来会得到解答。

展望

从发现干细胞到理解干细胞，经历了一个漫长的过程。而这一过程还在继续进行之中。

如果我们在细胞和分子水平上比较全面地理解了干细胞和周围微环境的特性，从而知道怎样调控、培养、扩增它们，那么我们有朝一日将能够真正有效地利用它们，以进行组织的修复和器官的重建，从而促进人类健康。

在理想实现之前，果蝇的研究将继续扮演先行者的角色，为理解干细胞的未知世界，不断作出自己的贡献。

第11章

果蝇与肥胖代谢

"唉，体重没减反而又长了两斤，一个多月的减肥计划算是泡汤了！"

周围的朋友可曾跟您有过这样那样的抱怨吗？是否您本人也有过类似的烦恼呢？诚然希望您没有。

食物提供了我们身体所需的蛋白质、脂类和糖类。这些生物大分子进入身体后，通过比如糖酵解、三羧酸循环和氧化磷酸化等进化上很保守的生化反应，生产出细胞中基本的能量分子ATP和其他必需的生物分子。机体吸收营养供给能量消耗，多余的部分会被身体存储起来，以备后续所需，比如应对饥饿或者感染。

机体维持营养和能量的供给与消耗之间稳定或平衡的能力，对机体的健康至关重要。人体失去调节能量稳态平衡的能力，会导致肥胖、厌食或糖尿病等多种代谢疾病，临床上表现出血脂异常、中央肥胖、高血压以及高血糖等代谢综合征。

当这些代谢疾病开始困扰大家，甚至成为全球范围的公共健康问题时，您可知道，小小的果蝇对我们了解疾病的病因和开展治疗功不可没？事实上，许多有关人类遗传、发育、生理和诸多疾病作用机制方面的认知，都是从对小小果蝇的研究中首次获得的。

糖脂代谢

糖类和脂类是重要的生物大分子。它们不仅是细胞构成的组成成分，也具有许多重要的生物学功能。

机体维持营养和能量供给与消耗之间稳定或平衡的能力，对机体的健康至关重要。哺乳动物进食后，多余的葡萄糖以糖原形式储存于肝脏和骨骼肌中。食物来源的脂类，通过形成脂蛋白（或称为乳糜颗粒），经淋巴系统吸收后，再由脂蛋白脂肪酶水解，生成脂肪酸。小于12个碳的脂类，在小肠中被直接吸收，水解生成脂肪酸；而游离脂肪酸（free fatty acid, FFA）则以甘油三酯（triglyceride, TG）的形式存储在脂肪组织和肝脏之中。

当在饥饿或运动状态下，能量匮乏时，机体会优先利用葡萄糖，其次是游离脂肪酸。在此过程中，肝脏通过直接分解或糖异生作用（从乳酸或甘油）由糖原产生葡萄糖。糖异生中的乳酸来自骨骼肌，甘油则由脂肪细胞分解甘油三酯提供。游离脂肪酸的动员和利用，是由脂肪细胞主导的。机体内葡萄糖和游离脂肪酸的调动，由2类激素协同调控，它们分别是胰岛素（insulin）和胰高血糖素（glucagon）。两者作用相反，协调控制血液中葡萄糖的稳定。

过去十几年的研究发现，在糖脂代谢中，小小果蝇竟然拥有诸多与脊椎动物进化上保守的酶和组织器官，行使基本的代谢功能。果蝇的肠道用来吸收营养；脂肪体用来贮藏营养物质，感知营养状态；其长管状的心脏，由瓣膜分为4个区域，对营养和免疫细胞的运输至关重要。果蝇能够保持相对稳定的血糖浓度，用于适应环境的变化，并将多余的能量以糖原和脂类的形式存储起来。在脂代谢中，果蝇体内同样拥有一整套由脂肪酸合成甘油三酯所需的脂肪生成酶，其中包括3-磷酸甘油酰基转移酶（glycerol-3-phophate acyltransferase）、酰基甘油磷酸酰基转移酶（acylglycerol phosphate acyltransferase）、磷脂酸磷酸酯酶（phosphatidate phosphatase, LIPIN）和二酰基甘油酰基转移酶（diacylglycerol acyltransferase, DGAT）。

在1960年，从来源于尼日利亚的果蝇群体中，科学家从自然界获得了"肥胖"突变果蝇。后来的研究发现，这个

肥胖的果蝇（Gillian Hei 图）

同源基因的突变，同样可以引起小鼠和人的肥胖，从而使得人们相信，果蝇在代谢疾病的研究中有着重要的潜在价值。

接下来，就让我们一起来了解果蝇中糖脂代谢的秘密吧。

果蝇"麻雀虽小，五脏俱全"

1910年，摩尔根在《科学》杂志上发表了第一篇有关果蝇伴性遗传的文章。小小果蝇作为一种简单、经典的遗传模式动物，开始登上了科学研究的大舞台。在此后一个多世纪里，我们对果蝇的生物学有了较为全面的了解。

果蝇与哺乳动物在进化上相距大约6亿年，但是关键的生理功能和机制却十分保守。事实上，75%的人类疾病基因能在果蝇基因组中找到其同源物，这使得果蝇成为人类代谢疾病和能量代谢研究中非常有价值的模式生物。从比较解剖学上看，果蝇拥有与哺乳动物功能相似的代谢器官或组织，用于营养物质的吸收、贮藏和代谢。

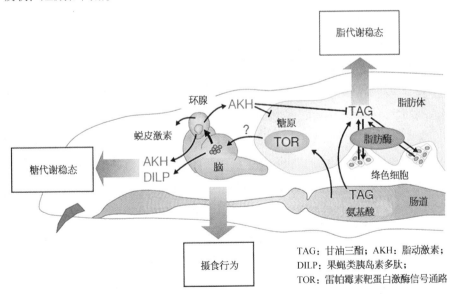

TAG：甘油三酯；AKH：脂动激素；
DILP：果蝇类胰岛素多肽；
TOR：雷帕霉素靶蛋白激酶信号通路

果蝇幼虫代谢组织和相互关系图

［改自 Leopold P, Perrimon N. *Drosophila* and the genetics of the internal milieu. Nature, 2007, 450(7167): 186-188］

果蝇的"脂肪组织和肝脏"——脂肪体和绛色细胞

脂肪体是果蝇体内相对较大的器官。尤其在果蝇的幼虫中，三龄幼虫的脂肪体约占体重15%；到了成虫阶段，脂肪含量约占体重6.5%。果蝇的脂肪体主要由脂肪细胞（adipocyte）也称滋养细胞组成。显微镜下观察可见，它们是略显白色的单层或双层细胞群，起源于中胚层，结构松散，呈薄片状，周身分布，主要在昆虫表皮下部、肠道和生殖器官周围。

当您用油红（oil red O）或尼罗红（nile red）等染料对脂肪体染色时，可以清楚地观察到，脂肪细胞内聚集着大量脂滴（lipid droplet），说明细胞内含有脂类，除此之外还存储着糖原和蛋白质。因此，脂肪体是昆虫体内重要的营养和能量储备库。不仅如此，脂肪体还是果蝇新陈代谢的中枢。体内大多数的代谢反应如脂代谢、糖代谢和蛋白质代谢、氮代谢等，都发生在脂肪体。而果蝇约1.4万个基因中，大概有一半以上在脂肪体中表达，也说明了脂肪体在代谢调控中的重要作用。

浸润在血淋巴细胞中的脂肪体，是体内激素包括神经内分泌系统（神经激素、保幼激素和蜕皮激素等）的靶标，能够随时感应机体的营养和能量状况及需求。例如果蝇在飞翔时，机体代谢速率迅速提高（达50～100倍），肌肉要消耗大量能量，而脂肪体能够及时通过脂肪酶降解，动员储备的脂质，转化为果蝇的能量基质（甘油二酯、海藻糖和脯氨酸），为机体提供营养和能量。由此看来，脂肪体又是果蝇重要的营养和能量感应器官。

脂肪体还是果蝇重要的内分泌器官，参与许多血淋巴细胞中蛋白质和代谢物的合成与分泌。比如合成蛋白质，提供胚胎发育时所需的氨基酸，合成用于脂质运输的脂转运蛋白，分泌调节糖代谢的类胰岛素等。

脂肪体整合其他组织器官和信号通路，在调节糖脂合成和分解的稳态平衡中发挥重要作用，功能上相当于哺乳动物的肝脏和白色脂肪组织。脂肪体成为果蝇模型中研究人类脂质和糖类代谢机制的重要靶器官。

绛色细胞（oenocyte）是分泌细胞，存在于绝大多数有翅昆虫中，它最早在1856年就被发现和描述。在不同种类的昆虫中，绛色细胞的大小、数量和分布存在进化上的差异。目前被广泛接受的绛色细胞这一名称取自1886年，因在摇蚊（*Chironomus midges*）中它们呈酒黄色而得名。不同于脂肪体的是，果蝇中的绛色细胞发源于外胚层。果蝇幼虫中的绛色细胞以6个细胞为一簇，均匀地分布在表皮下部；在成虫中，绛色细胞呈簇状或呈条带状，分布在腹部和背部。

尽管在160多年前就发现了绛色细胞，但有关它们的功能知之甚少。早期发现它们可能与昆虫幼虫的生长和营养、有毒废物的消除、表皮的合成等有关。而新近的研究发现，它们与脂代谢紧密相关。原因在于绛色细胞中含有大量光面内质网，提示可能与脂质的合成、加工和分泌有关。同时，绛色细胞中还大量表达一整套与脂质合成和分解相关的催化酶及脂转运蛋白。

在果蝇幼虫的饥饿试验中，通过染色看到很多的脂滴积累在绛色细胞中，从而发现绛色细胞在饥饿状态下负责动用脂肪体内的脂类，为机体提供能量，行使类似哺乳动物肝细胞的功能。在对成虫的研究中，还发现它们可能与饮食和营养有关。

果蝇的胰岛素–类胰岛素多肽分泌细胞和类胰岛素多肽

果蝇拥有开放式的循环系统，并保持相对稳定的"血糖"浓度。

果蝇中类似于哺乳动物的胰岛，由位于果蝇头部的类胰岛素多肽产生细胞群（insulin like peptide producing cell, IPC）（类似于人体的胰岛β细胞）和位于环腺的心侧体（corporacardiaca, CC）（类似于人体的胰岛α细胞）组成，分别负责分泌类胰岛素多肽（drosophila insulin-like peptide, Dilp）和脂动激素（insect adipokinetic hormone, AKH）（相当于人体的胰高血糖素）。

最早发现果蝇中有类似胰岛素分泌细胞的研究工作，发表于2002年的《科学》杂志上。科学家将果蝇头部的一群细胞（就是刚刚提到的类胰岛素多肽产生细胞群）消除后发现，这些果蝇体内的"血糖"浓度明显增高，出现类似人类糖尿病的有趣表型。之后的大量研究证实，果蝇体内有8种类胰岛素，相当于人体胰岛素和胰岛素样生长因子，它们由不同组织（如头部的类胰岛素多肽产生细胞群、脂肪体、肠道等）在不同时间分泌表达，调节"血糖"浓度的稳定和机体的生长发育。果蝇分泌类胰岛素多肽，帮助从血淋巴中吸收糖类；在饥饿等条件下，果蝇分泌脂动激素调节糖原和脂类降解，以提供能量。两者协调控制"血糖"稳定。

科学家通过敲除果蝇dilp1-5类胰岛素，建立了糖尿病Ⅰ型的果蝇模型。这样的果蝇即使在正常营养条件下，也会出现"血糖"升高、"消瘦"、不耐饥饿等类似人类糖尿病的症状。相反，将果蝇体内脂动激素消除，果蝇体内"血糖"明显降低。

剔除dilp1-5类胰岛素多肽基因的果蝇

（a）野生型果蝇;（b）缺失 *dilp*1-5 基因的果蝇。[引自 Zhang H , Liu J , Li C R , et al. Deletion of *Drosophila* insulin-like peptides causes growth defects and metabolic abnormalities. Proceedings of the National Academy of Sciences, 2009, 106(46):19617-19622]

另外，给予果蝇高脂或高糖喂养，能够诱发果蝇肥胖和胰岛素抵抗的症状。这些果蝇成为研究人类肥胖和糖尿病发病机制的动物模型。重要的是，它们也被应用于肥胖相关的代谢紊乱疾病如心脏病、肾病和癌症等的研究。

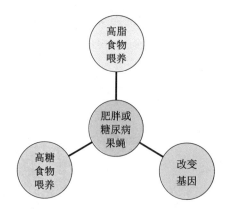

制作肥胖或糖尿病果蝇模型的方法（刘竞男 图）

展望

果蝇虽然身躯微小，但确实因其对科学研究的巨大贡献，在科学的舞台上形象硕大起来。20 世纪以果蝇为模式生物，取得了众多开创性的研究发现。2017 年 10 月刚刚公布的诺贝尔生理学或医学奖，就颁给了在果蝇中率先取得发现的生物节律研究。

我们知道，肥胖及其相关的代谢疾病，病因复杂，主要与遗传、环境或生活方式等多种因素相关。通过以果蝇为模式生物的研究，在这方面已经取得了一系列丰硕成果。

在可预见的将来，科学研究中利用果蝇细胞或果蝇个体，通过 RNAi 等技术，进行高通量的遗传筛选，结合基因工程等手段，将会为解读人类基因功能和疾病发生机制，提供更多被翘首期盼的新发现！

第12章

果蝇与学习记忆

　　"学习"一词，语出《论语》："学而时习之，不亦乐乎？"其中包含两层意思：一是"学"，指通过感知方式或手段获取知识、技能等经验的过程；二是"习"，指再次训练，使个体具有能够将学得的经验相对持久地加以维持的潜在能力。

　　我们一生与不断的学习相伴随，而我们最大的奢望莫过于"过目不忘"。可是，遗忘是生命体正常的生理过程。如何才能做到不忘？这里不得不佩服古人的智慧。他们很早就总结出现代实验科学才得到的结论，即只有通过间隔性的反复训练，才能促使个体形成长期记忆。所以说，"时习之"自然会"不亦乐乎"。

　　记忆，意指不忘，也指对过去事物的印象。它不仅是生命体在抗争自然法则中所进化出的"逆天"属性，更是赋予每个生命体成为"唯一"的后盾。正因为你我的"记忆"各有不同，所以"我"才是我。在《科学》杂志纪念创刊125周年之际，科学家们汇总了人类125个重大的未解科学问题，其中的一个就是：记忆来自哪里，以何种方式储存在哪里，又将如何提取？

　　可能只有当我们深刻理解了学习与记忆的过程和机制，才能真正地认识我们自己！

学习与记忆研究的起源

　　学习与记忆，也有其科学上的定义。学习是指在脑内由经验产生的持久的内部表征或经验依赖的这种表征的持续修饰过程。记忆是指这些经验依赖的内部表征在时间上的保留和恢复。

1885年德国心理学家艾宾浩斯（H. Ebbinghaus, 1850—1909年）发表了记忆研究的突破性文章，提出了"遗忘曲线"和"间隔效应"等概念，并首次描述了"学习曲线"。他的工作终于将学习和记忆研究从哲学概念正式转变到可量化的实验科学范畴。来自西班牙的卡哈尔（S. Ramóny-Cajal, 1852—1934年）不仅是出色的组织化学专家和内科医生，更是一名娴熟的艺术家。借助其绘画上过人的天分，他手绘了数以百计的人类大脑和神经图片，至今仍被选为经典的教学插图。卡哈尔在1906年获得诺贝尔奖，以表彰他对人脑显微结构的原创性研究。他被誉为"永远最伟大的神经学家"。加拿大心理学家赫布（D. O. Hebb, 1904—1985年）毕生致力于研究神经元如何在心理活动中发挥作用，于1949年提出了著名的赫布定律："一起应激的神经元也关联在一起"。他将脑的生物学基础与思维这样的高级功能联系了起来，同时开启了计算机模拟活体神经系统之生物过程的新方向，被誉为"神经心理学和神经网络之父"。另一位先驱是美裔加拿大神经外科医生彭菲尔德（W. Penfield, 1981—1976年）。他在功能脑区的绘制方面作出了卓越的贡献，首次提出记忆可能存储于大脑某个特殊区域的假说。

而现代记忆研究始于20世纪50年代对神经病人莫莱森（H. G. Molaison, 1926—2008年）（简称H. M.病人）的研究。他在孩提时因脑部创伤患上了癫痫症。27岁那年，作为缓解其日趋严重癫痫症的最后努力，H. M.接受了包含海马区在内的大范围的大脑颞叶切除手术。手术成功了，但H. M.碰到了新问题：他不再能记住发生过的事以及见过的人。他的智商和学习能力都很正常，偏偏始终无法将短时记忆转化为长时记忆。鉴于H. M.罕见的症状和他本人的积极配合，先后有超过百名学者参与了H. M.的研究。甚至在H. M.于2008年去世之后，他的大脑还被制成2 401张切片，保存在美国的圣地亚哥供后人继续研究。科学界有句谚语叫作"我们都亏欠H. M.！"的确，莫莱森在记忆的认知和神经组织研究中对全人类之伟大贡献，值得我们永远铭记。

果蝇与学习记忆

在进一步探讨学习记忆的分子机制和精细神经网络时，人脑样品面临着严重的局限性，因此模式动物的开发进入了科学家的视野。海兔、果蝇、小鼠、大鼠等模型陆续出现。果蝇无疑是其中最耀眼的一个，其无可比拟的遗传操作优势，将学习与记忆的机制研究提升到了新的高度。

果蝇的选择学习（夏源 图）

早在1940年，特赖恩（R. C. Tryon）设计了一个食物迷宫来挑选每世代大鼠中最先找到食物的"精豆"和最慢学会路线的"呆瓜"，并分别繁育。结果发现，"精豆"和"呆瓜"们对于迷宫的学习能力，差异越来越明显。因此，他提出学习与记忆的能力跟个体遗传差异相关的假设。而直到更加严格的数量遗传学实验在果蝇和它的近亲绿头苍蝇中完成，遗传基因差异性影响学习与记忆能力的论点，才逐渐被人们接受。并且基于"孟德尔定律"，科学家认识到苍蝇中"精豆"和"呆瓜"的学习与记忆能力差异，是多基因介导的多线程复杂过程。

之后，得益于单基因化学诱变和大规模正向遗传筛选在果蝇中的广泛应用，在学习与记忆中的单基因功能解析迎来了井喷之势。著名的美国生物物理学家本泽（S. Benzer, 1921—2007年）率先开创了以果蝇为主要模型的神经遗传学研究。1974年，本泽实验室建立了第一个果蝇嗅觉依赖的刺激回避学习模型（olfactory shock-avoidance learning assay）。野生型果蝇通过给予某种"危险"气味时伴有电击惩罚的训练，可以在后续的记忆检测中，自主选择进入含有"安全"气味的管子，而规避"危险"气味的管子。利用该筛选系统，本泽团队在加州理工学院定位了第一个学习基因——*dunce*，意为"傻瓜"。很快，生化实验提供了完整的证据，发现该基因是cAMP信号通路中重要的催化酶，进而揭示了从果蝇到人类都十分保守的学习与认知核心信号通路——cAMP信号通路。1985年本泽的学生奎因（W. G. Quinn）以及奎因的学生图利（T. Tully）完善了果蝇的嗅觉学习模型，构建了经典的巴甫洛夫嗅觉学习模型（Pavlovian olfactory learning assay），可以方便地量化统计气味训练以后的果蝇在T型迷宫中自主选择"安全"气味的比例。利用这些系统，奎因和图利先后在普林斯顿和布兰迪斯陆续筛选到另外7个围绕该信号通路的关键学习基因。

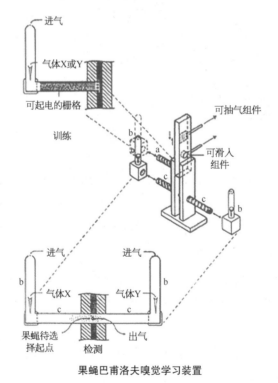

果蝇巴甫洛夫嗅觉学习装置

[引自 Tully T, Quinn W G. Classical conditioning and retention in normal and mutant *Drosophila* melanogaster. J Comp Physiol A, 1985, 157(2): 263−277]

行为是一个复杂的过程，只能间接反映学习记忆的能力，单纯的行为筛选有着明显的不足。如果某个基因突变的果蝇不能通过某个行为模型的检测，绝不能简单地认为，该基因就一定参与了相关学习与记忆的调控。鉴于此，门泽尔（R. Menzel）和埃贝尔（J. Erber）团队最早从解剖学角度，尝试解析参与学习记忆的昆虫功能脑区。他们在1978年发现，对气味训练后蜜蜂的蘑菇体*（类似于人脑海马体）区域，立即进行局部冷冻，可以引发退行性失忆症。之后，来自德国维尔茨堡的海森贝格（M. Heisenberg）研究组，在果蝇中筛选和定位了很多脑部发育基因，如 *minibrain* 突变伴有果蝇蘑菇体萎缩。这些导致果蝇脑的蘑菇体或中央复合体结构不全的基因突变，同样会引起果蝇气味学习能力的缺陷。此外，贝勒医学院的戴维斯（R. L. Davis）研究组，利用果蝇基因增强子检测（enhancer-detector）技术，在果蝇脑内将诱导表达的基因用荧光等手段标记出来。他们证实了之前鉴定的学习基因，大都表达在果蝇的蘑菇体中。如果使用羟基脲喂食特定发育窗口的果蝇幼虫，从而消除成虫的蘑菇体，或者在蘑菇体中而不是在中央复合体中阻断cAMP信号通路，都会造成果蝇巴甫洛夫气味学习能力的丧失。这些在果蝇中的发现，首次验证了蘑菇体是气味学习的功能脑区，其中的cAMP信号通路对于气味的学习与记忆是必需的。

近年来，果蝇视觉、味觉、触觉等其他的学习记忆模型也逐渐建立和成熟起来。比如布伦布斯（B. Brembs）搭建了视觉学习模型，通过记录果蝇对不同视觉图形的"左转"或"右转"选择，发现视觉记忆依赖于蘑菇体之外的功能脑区。

学习能力的考虑必然伴随着记忆能力的检测。记忆组分的上下游遗传分析，率先在果蝇中得以完成，暂分5个阶段：获知（acquisition or learning, LRN）；短期记忆（short-term memory, STM）；中期记忆（middle-term memory, MTM）；抗麻醉记忆（anesthesia-resistant memory, ARM）；长期记忆（long-term memory, LTM）。

LTM是记忆形成的最终稳定形式，依赖于新蛋白质的合成，因为图利在

---

* 蘑菇体：也称蕈状体，指存在于果蝇等昆虫原脑内的核心神经结构，能接收来自视觉和嗅觉系统的神经投射并进行传输。

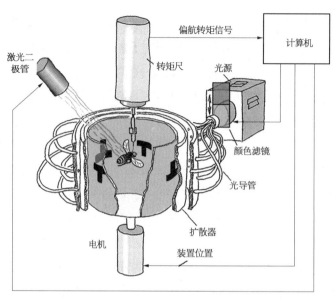

果蝇视觉学习装置

［引自 Brembs B, Wiener J. Context and occasion setting in *Drosophila* visual learning. Learn Mem, 2006, 13(5): 618−628］

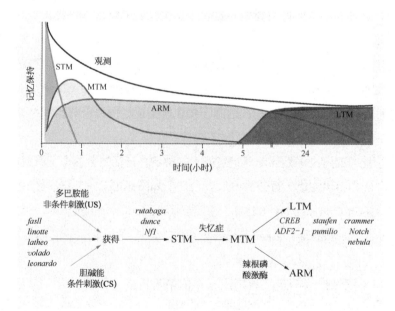

记忆的5个不同阶段和调控基因

［引自 Margulies C, Tully T, Dubnau J. Deconstructing memory in *Drosophila*. Current Biology, 2005, 15(17): R700−R713］

1994年发现蛋白质合成抑制剂可有效阻断LTM的形成。更重要的是他们发现，有间歇的交替训练，而不是一味的连续训练，更能促进LTM的形成。因此，"劳逸结合"才是最佳的学习策略。

　　殷（J. C. P. Yin）等人随后在1995年的《细胞》（*Cell*）杂志上提出，*CREB*（cAMP应答组件结合蛋白）基因所转录的激活亚型和抑制亚型的比例，控制了LTM的形成。他们认为，虽然激活亚型和抑制亚型在果蝇训练期间都能诱导表达，但只在休息间歇，两者呈现不同的功能强度。因此，LTM最终体现为激活亚型主导的记忆形成在每个训练周期的累积。

　　一个有意思的插曲是，殷在该论文中表明，单独过表达CREB激活亚型，足以加强果蝇LTM的形成；反之，过表达抑制亚型可以有效地阻断LTM的形成。然而，2004年戴维斯在《神经科学杂志》（*The Journal of Neuroscience*）上提出质疑，认为过表达激活型对LTM的加强没有效果。2013年，殷同样在该杂志上进行了反驳，并强调转基因过表达和起始训练的间隔窗口，对于该表型的呈现至关重要。

　　记忆在最终强化为稳定的LTM之前是很不稳定的。例如，人们可用冷刺激轻易消除果蝇刚刚在嗅觉训练中形成的记忆。可图利在1994年发现，在训练后最初2小时内，同时有一种冷刺激不敏感的记忆形成，被称为ARM。和LTM不同，ARM不依赖于新蛋白质的合成，但也会随时间而消退。有趣的是，10次连续训练和10次间隔性训练所能产生的最大ARM是相同的。因此，ARM可定义为持续训练所能形成的最持久的记忆。ARM和LTM在间隔训练后的几天内，是两种平行存在的长时记忆形式，但两者无论在调节基因上还是在功能上都是相互独立的。如ARM不受CREB调控，却依赖于*rsh*基因，而*rsh*又不会影响LTM。

　　在训练的2小时内，即使当ARM达到最高点时，仍有近50%的记忆是冷刺激敏感的。它们同样不依赖于蛋白质合成，也是一种记忆的不稳定形式，被称为MTM。图利分别在1990和1996年设计了非常巧妙的果蝇嗅觉学习实验，证实了MTM的存在。首先，各组果蝇同时接受初次训练，气味A伴随着电击，气味B没有。然后，各组果蝇在间隔不同时间后，进行2次颠倒训练，气味B伴随电击，而A不伴随，之后立即检测果蝇在T形迷宫中对气味A和B的选择情况。

理论上存在两种极限情况。若颠倒训练完全打破初次训练，马上检测的结果就是各组果蝇规避气味B的比例一致，并且和初次训练后马上检测，规避气味A的比例一样。而若颠倒训练完全不影响初次训练，那么规避气味A的果蝇比例将按正常的记忆衰减规律随时间逐渐降低，选择气味B的比例逐渐上升。实际上，野生型果蝇的表现恰好处在两种极端情况之间，也就是在这2小时内，有一种可部分干扰颠倒训练对新记忆塑造的中期记忆的形成。

目前人们对STM还不甚了解，但在果蝇中发现，*dnc*和*rut*基因突变会造成果蝇30分钟内的训练记忆快速消退，而可阻断MTM形成的*amn*基因突变，不会影响这种短期记忆。这说明，至少还有一种记忆形式存在于MTM的上游，被称为STM。至于LRN，则特指起始的学习认知阶段。有些果蝇的突变体如*lat*、*lio*和*PKA-RI*，虽然具有正常的记忆留存能力，但在初期气味学习中呈现出严重的能力缺陷。

果蝇对人类学习与认知研究的贡献

在解剖结构上，人脑和果蝇大脑存在着显著的不同。然而，果蝇大脑也拥有复杂的神经网络（约含有10万个神经元），也是通过多线程神经交互来履行神经任务的，这一点尤其在学习与记忆的神经活动中跟人类极其相似，因此在果蝇中总结出的学习与记忆的认知规律，已被证实广泛适用于人类。例如，记忆起始都会储存为一种短时的易变形式，但最终可以演变为长期稳定的形式。有间隔的重复训练，而不是连续训练，更便于形成长期记忆。稳定的长期记忆的形成有着质的变化，依赖于新的蛋白质和RNA的合成。更为具体的是，学习记忆的核心信号通路或基因在进化上非常保守，在果蝇和人类中具有很高的同源性，像cAMP信号通路、钙调信号通路、*dunce*基因等，都在人类中找到了相似功能的同源物。

所以，很多模拟人类神经退行性疾病的模型采用果蝇来担当，如阿尔茨海默病、帕金森病、精神分裂症等。进而利用果蝇遗传筛选的优势，很多人类神经疾病的关键调控基因和潜在药物靶点，在果蝇模型中得以顺利发现。

展望

　　人生面临不断的学习，而后促成各自的记忆，记忆才使我们的人生与众不同。但是，你的记忆总是那么可信吗？它为何如此多变与脆弱？记忆来源于哪儿，储存在哪儿，又是如何提取的？在学习和记忆过程中，我们的大脑到底发生了何种变化？我们是否可以模拟这种变化，从而改善学习与记忆的能力？为什么大脑经常在睡眠中回放我们曾经在学习时呈现的神经元活跃规律？睡眠是否强化记忆的一种生物学功能？

　　每当我们仰望星空，探索外界未知的时候，是否也已足够省视自身，明了"我才是我"呢？

第13章

果蝇与生物钟

日出而作，日入而息。

——先秦《击壤歌》

这8个字描述了人类千百年来的作息规律。伴随着日升日落，除了作息时间表现出一定规律，或者说节律，人类绝大多数行为和生理过程，例如体温、血压、激素分泌等，也都呈现出大约24小时的节律。由于这些节律的周期约等于一日，因而被称为近日节律（circadian rhythm）。它们并非人类特有的现象。地球上绝大多数生物，包括本书的主人（蝇）翁，其生命过程都呈现出近日节律，如此方可吸食到清晨叶片上第一颗露珠，吃一顿丰盛的早餐，还可以"月上柳梢头，'蝇'约黄昏后"。

生物钟

大量的研究显示，近日节律并非由环境因素的昼夜变化所驱动。将生物体置于外界环境恒定的条件下，近日节律仍然持续进行。这是因为近日节律由体内的一种计时机制所驱动，科研人员把这一计时机制称为"生物钟"。那么，生物钟究竟是什么呢？神奇的吸露者——我们的"主蝇翁"，从分子层面为我们揭示了它的奥秘。

果蝇的生物钟（刘卓佳 图）

周期

1971年，美国加州理工学院的两位科研人员科诺普卡（R. J. Konopka）和本泽，通过给果蝇喂食化学药物的方法，在果蝇体内诱导DNA突变，随后他们检测这些突变体的多种行为和生理过程，筛选表型异常的个体。在异常个体中，他们对发生突变的基因进行定位，通过这种方式挖掘调控特定行为和生理过程的基因。

他们在这个遗传筛选过程中，发现了3个影响近日节律的基因突变，分别导致果蝇的活动和羽化节律的周期由正常的24小时变为19小时、29小时和无节律，而且这3个突变都定位到了果蝇X染色体上邻近的区段，因此他们猜测，这3个突变可能位于同一个基因内，并将该基因命名为"周期"——*period*（简称*per*）。3个突变体则根据表型的不同，分别命名为*per*^{S}（短周期）、*per*^{L}（长周期）和*per*^{01}（无周期）。

*per*的突变可以改变近日节律的周期，说明*per*在生物钟的计时机制中起着关键的作用。至于*per*如何给生物钟计时，科诺普卡与本泽没有答案。

他们的这项开创性工作在发表后的10年间也没有引起广泛关注，仅被引用了24次。直到20世纪70年代末至80年代初，随着分子生物学技术的突破性发展，才出现了后续的研究。1984年，美国布兰迪斯大学与洛克菲勒大学的霍尔（J. C. Hall）、罗斯巴希（M. Rosbash）和扬（M. W. Young）三位科学家的团队成功地分离了*per*基因。由科诺普卡和本泽发现的*per*突变得到定位和分析。研究表明，per^S 和 per^L 都是点突变导致单一氨基酸的替换。per^{01} 则引入了一个终止密码子，导致蛋白质的翻译提前终止。

也正如解析这一系列突变的科研人员余（? W. Yu）和同事在他们的文章中所指出的，这是首次在氨基酸序列的层面上发现导致行为变化的突变。因此，这些研究不仅对近日节律的领域极为关键，对于整个行为遗传学的领域同样产生了深远的影响。

随后的研究表明，PER 蛋白的一段序列，与果蝇的 SINGLE-MINDED 蛋白以及哺乳动物的多环芳烃受体核转位蛋白（aryl hydrocarbon receptor nuclear translocator, Arnt）的部分序列类似，因此该蛋白质区域被命名为 Per-Arnt-Sim（PAS）结构域。此结构域在与其他含有基本螺旋-环-螺旋-PAS［basic helix-loop-helix (bHLH)-PAS］结构域的转录因子（即调控转录的蛋白质）形成二聚物的过程中发挥重要作用，暗示 PER 的功能为调节转录。另外有研究显示，PER 主要存在于细胞核内，且 PER 在核内时可能对调控近日节律起关键作用，这与 PER 可能发挥转录调节作用是一致的。

综上所述，这些研究结果暗示着这样一个机制：PER 通过与其他转录因子互作，来调控近日节律，因为 PER 本身不具有结合 DNA 的结构域。

那么，PER 如何能够调节一个以24小时为周期的节律性过程呢？研究发现，*per* 在 RNA 水平呈现近日节律，PER 在蛋白质水平呈现近日节律，而在翻译后水平，PER 的磷酸化修饰也呈现近日节律。过表达 PER 会抑制体内 *per* RNA 的节律性振荡，并且此抑制作用表现出细胞自主性，即在单个细胞内就可完成。

基于上述现象，一个关于果蝇生物钟的模型于是被提出：PER 蛋白或其相关产物抑制 *per* mRNA 的生成。这样一个负反馈环路，构成了果蝇的生物钟。

随后的研究显示，此转录反馈环路不仅是果蝇生物钟的核心计时机制，在包括植物、真菌、动物等在内的多种真核生物中也高度保守。另外，PER 还是包括人类在内其他动物生物钟的核心成员。

永恒

在PER的功能与作用机制得到阐明的同时，另一个生物钟的关键基因"永恒"——timeless（tim），也在果蝇中通过遗传筛选的方法被发现。tim的RNA水平呈现以24小时为周期的振荡，其振荡相位与per一致，而且此振荡依赖于PER和TIM蛋白的存在。这说明，PER和TIM可能通过共同的反馈机制，来调节它们自身的表达。进一步的研究表明，tim的节律性表达可决定PER开始累积并转移至核内的时间，而且TIM蛋白的一段可以直接与PER的PAS结构域结合。

这些结果提示，TIM是前文提到的负反馈环路的又一成员，并与PER合作调控生物钟。

循环钟

那么，又是什么在调控per和tim的节律性转录呢？

研究人员在分析per的启动子（即调控per转录的DNA序列，通常位于per基因上游），寻找转录调控组件时，发现了一个E-box*组件（CACGTG）。此组件对于激活per的转录是必需的。后续的研究发现，这是一个进化上保守的近日节律调控组件，存在于许多动物的基因组内。

是什么在通过E-box调控per的转录？

继这一发现之后，又有2个基因被发现，即"钟"——clock（clk）和"循环"——cycle（cyc），为负反馈环路添加了2个核心成员。CLK和CYC都是含有bHLH-PAS结构域的转录因子，两者可以形成二聚体，并通过per和tim启动子里的E-box组件，激活per和tim的转录。PER和TIM蛋白则阻断CLK/CYC在它们的启动子上的转录激活作用。这一步骤，让生物钟的负反馈环路得以闭合。

---

* E-box：也称E框，是一种转录因子结合位点，其中一段特定的DNA序列（如CACGTG）被某些蛋白质分子所识别，这些分子通过与该序列结合来帮助启动基因的转录。

时间加倍

虽然生物钟的正负调控组件都有了，负反馈环路也似乎完整了，但是仍然有一些问题，研究人员没有答案。其中一个重要的问题就是：PER 和 TIM 蛋白为何在 *per* 和 *tim* 的 mRNA 生成后 6 ～ 8 小时，才开始在细胞质中积累？而且正因为存在从 mRNA 到蛋白质积累的延迟，才使得负反馈环路运行一周的时间大约为 24 小时（否则就只有 16 ～ 18 小时）。

遗传筛选发现了激酶"时间加倍"——DOUBLETIME (DBT)，使得 PER 蛋白的积累出现延迟。*dbt* 为哺乳动物的酪蛋白激酶 1ε（casein kinase 1ε）在果蝇内的同源基因。DBT 与 PER 结合，磷酸化 PER，并促使其降解。而 TIM 可以稳固由 PER–DBT 组成的复合体，使得 DBT–PER–TIM 复合体在细胞质中积累，从而拮抗 DBT 的效果。

此外，另外 2 个激酶——酪蛋白激酶 2（casein kinase 2, CK2）和哺乳动物的糖原合酶激酶 3β（glycogen synthase kinase 3β, GSK–3β），它们在果蝇内的同源基因 *shaggy*（*sgg*）也作用于 PER 和 TIM，促使其降解和进入核内。入核后，PER 与 DBT 以及 CLK–CYC 形成复合体，抑制 CLK–CYC 对转录的激活作用，从而抑制 *per* 和 *tim* 自身的转录。在这个过程中，PER 被 DBT 逐步磷酸化，直至 PER 第 47 位的丝氨酸（S47）被磷酸化，形成一个 F-box* 蛋白 SLIMB（即哺乳动物的 *β–Trcp* 同源基因）的结合位点。SLIMB 与 PER 结合后，PER 被泛素化修饰，并随之降解。

然而，DBT 对于 PER 的作用，并不是简单地磷酸化而后降解，DBT 作用于不同的位点有不同的效果。研究表明，NEMO 激酶磷酸化 PER 的 S596 位点，从而导致其附近的位点包括 S595、S593 和 S589 被 DBT 磷酸化。这一系列的磷酸化，最终延迟 S47 位点的磷酸化，以及 PER 与 SLIMB 的结合与降解，产生延迟生物钟的效果。

无独有偶，科诺普卡和本泽当年发现的 *per*^s 正是突变了 S589，导致生物钟提前，周期变短。可见，许多时候看似偶然的现象，其实隐藏着宿命般的必然。

---

*　F-box：也称 F 框，一种调节转录因子活性的基因 / 蛋白质。

PER在磷酸化的同时也可被去磷酸化。研究显示，蛋白质去磷酸化酶1（PP1）和蛋白质去磷酸化酶2A（PP2A）都可作用于PER，延迟其磷酸化和降解。磷酸化除了影响PER的稳定性，还可增强其抑制转录的能力。

磷酸化修饰调节PER和TIM的稳定性、细胞质到细胞核的转移以及转录抑制因子的功能，从而在生物钟的计时机制中起到极其重要的作用。

二十四

除了磷酸化，*per*还受到翻译水平的调控。

遗传筛选发现了"二十四"（*twenty-four*或*twf*，该基因命名的灵感来自美剧《二十四小时》）。TWENTY-FOUR（TWF）在果蝇脑内调控近日节律的核心神经元里，与2型脊髓小脑共济失调的致病蛋白（ATAXIN-2）互作，并与RNA结合蛋白（polyadenylate-binding protein, PABP）结合，激活*per*的翻译，为负反馈环路再添一个环节。

由PER/TIM和CLK/CYC组成的负反馈环路，可以很好地解释*per*和*tim*的近日节律。然而，*clk*的mRNA也呈现近日节律，且与*per*和*tim*的波动反相，即波峰与波谷出现的时间与*per*和*tim*相差大约12小时。

那么，*clk* mRNA的近日节律是如何产生的？直到生物钟的第二条反馈环路被发现，这个问题才有了答案。

第二条反馈环路

第二条反馈环路给生物钟引入了2个新的转录因子——*vrille*（*vri*）以及PAR域蛋白1ε和δ（PAR domain protein 1ε/δ, *Pdp1ε/δ*）。CLK/CYC通过与E-box结合，激活*vri*和*Pdp1ε/δ*的转录，VRI和PDP1ε/δ的蛋白质随之开始积累，但PDP1ε/δ累积到峰值的时间，要比VRI晚几个小时。VRI和PDP1ε/δ与*clk*的启动子内的VRI/PDP1-boxes（V/P-boxes）结合，VRI先抑制而随后PDP1ε/δ激活

*clk*的转录。当DBT–PER–TIM复合体作用于CLK/CYC，抑制其转录激活功能时，*vri*和*Pdp1ε/δ*的生成被抑制，其mRNA和蛋白质的水平也随之减少。由于VRI和PDP1ε/δ的蛋白质水平呈现近日节律，它们所调节的*clk*也呈现近日节律。

第三条负反馈环路

继VRI和PDP1ε/δ之后，研究人员又发现了第三条负反馈环路，由CLK/CYC和含有bHLH–orange结构域的转录抑制因子CLOCKWORK ORANGE

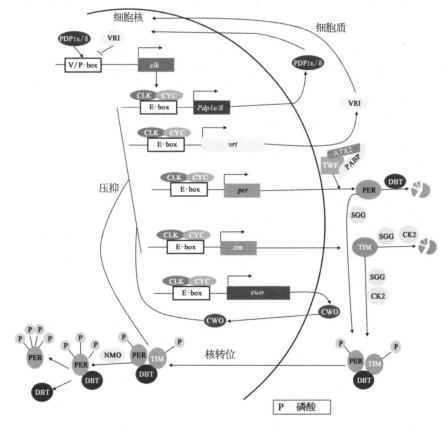

生物钟在分子水平由一系列的转录翻译环路构成

［引自 Zhang L Y, Ye X X. The regulatory mechanism of *Drosophila* circadian rhythm. Chinese Bulletin of Life Sciences, 2015, 27: 1345–1354］

（CWO）*组成。CLK/CYC与E-box结合，激活*cwo*的转录。CWO生成后则与CLK/CYC竞争E-box，从而抑制CLK/CYC的转录激活功能。

展望

2017年10月，霍尔、罗斯巴希和扬这三位克隆*per*基因的科学家获得了诺贝尔生理学或医学奖，以表彰他们在阐明果蝇生物钟分子机制中所作出的卓越贡献，这也是我们的"主蝇翁"第五次荣获诺贝尔奖。

对于近日节律的研究，眼下不过是序曲的结束，新的乐章正开始奏响，还有许多奥秘有待揭示：分子水平的生物钟如何使行为和生理过程呈现出近日节律？不同细胞、组织、器官的生物钟，如何相互协调、共同作用，以完成行为和生理过程的节律？

当我们能够回答这些问题后，或许能够利用生物钟和近日节律的特质，来预防和治疗疾病，促进健康。而对于如何找出这些问题的答案，相信神奇的吸露者会继续为我们提供线索与启示，正如在揭示生物钟的分子机制中，它们所已经发挥的不可替代的作用那样。

---

* CWO 的命名灵感来自英国电影 *A Clockwork Orange*（《发条橙》）。

第14章

果蝇与成瘾

"果蝇虽小，五毒俱全"。这里所说的"五毒"，并不是我们平时所说的"吃喝嫖赌抽"，而是说，果蝇就像我们人一样，也容易对不少物质成瘾。事实上，果蝇由于个体小、易饲养、繁殖快，做高通量行为实验方便等诸多优点，逐渐成为研究成瘾的优秀模式生物。

小小的果蝇被用来研究酒精、尼古丁、可卡因等常见的成瘾。在这里，我们就以果蝇的"喝酒"和"抽烟"行为作为例子，跟大家简单聊一聊果蝇的成瘾。

"嗜酒如命"的果蝇

相对于其他容易导致成瘾的物质，酒精相关行为是以果蝇作为模式，研究得最为全面和深入的，因此我们也首先以酒精为例，谈一下果蝇与酒。我们知道，普通黑腹果蝇在野外自然的生存环境中，主要食物就是植物的各种腐烂果实，而乙醇则是发酵腐烂果实的重要代谢物，所以果蝇的嗜酒几乎就是浑然天成，不足为奇了。实际上，乙醇因具有易挥发的特性，也是腐烂果实能够较远距离地吸引果蝇前来的重要媒介。

早在1984年，科学家就发现低浓度的乙醇能够吸引果蝇。而且更有意思的是，相对于比较普通的培养基，雌性果蝇更愿意到含有低浓度（5%）乙醇的培养基上去产卵。那么，雌性果蝇为何喜欢这样做呢？可能基于两方面的原因。首先，这说明果蝇的后代能以含酒精的食物为食。事实证明，果蝇幼虫的确能够有效地代谢乙醇，把酒精当作重要的营养来源。而另一方面更为大胆的假设便是：果蝇喜欢酒精，还可能是进化上的一种自我保护机制呢！

在野外环境中，寄生蜂是果蝇的天敌，雌性寄生蜂会把卵产到果蝇幼虫的体内，而寄生蜂幼虫会在果蝇幼虫体内寄生生长，直到果蝇幼虫化蛹或者死去。最新的研究显示，如果雌性果蝇看到周围有雌性寄生蜂，则更倾向于去含有乙醇的地方产卵。无独有偶，被寄生之后，很多果蝇幼虫会主动寻找富含酒精的食物；更惊人的是，取食之后，在果蝇幼虫体内的寄生蜂能够被消灭。

如果上面说了果蝇爱酒是为生存的话，那么接下来讲的果蝇行为，就坐实了与瘾有关。为便于理解，我们把酒精诱导的果蝇行为分作三部分：其一，急性反应；其二，酒精耐受；其三，酒精偏好。

其一，急性反应。果蝇和很多哺乳动物甚至和我们人一样，对酒精也有急性的应激反应。研究发现，中低浓度的酒精能够使果蝇变得更活跃、更"嗨"；而高浓度的酒精则会使果蝇步态不稳，最后"醉卧沙场"。

其二，酒精耐受。我们常说"酒量是练出来的"，这一点同样适用于果蝇。研究发现，低浓度酒精的长期（24小时）慢性刺激，能够显著增加果蝇对酒精的耐受性，与长期记忆类似；而这种耐受性的形成，也依赖于果蝇体内新蛋白质的合成。

其三，酒精偏好。酒精成瘾的一个重要标志，就是"无酒不欢"。也就是说，相较其他，个体会去偏好酒精。成瘾之后，果蝇会自发性地去吃含酒

嗜酒成癖的果蝇（Gillian Hei 图）

精的食物，甚至为了"喝酒"而不惜"铤而走险"。一项非常有意思的研究发现，果蝇宁可承受电刺激的风险，也要去"喝酒"，真可称得上是"虫中的刘伶"*了。

酒精相关行为的分子机理

科学家研究果蝇的酒精相关行为，可不仅仅是为了找乐子，而更多是为了了解其机理，对研究并最终解决人类酒精成瘾问题提供帮助。别看果蝇小，可是75%的人类疾病相关基因，都能在果蝇里面找到。在过去20年间，对果蝇酒精相关行为的研究，也的确起到了引领酒精研究的重要作用。

限于篇幅，这里仅给大家举两个例子。

环磷酸腺苷信号通路

环磷酸腺苷（cAMP）是重要的第二信使，其信号通路跟生物很多重要的生理活动密切相关，如生物节律、学习与记忆等。研究发现，环磷酸腺苷信号通路与果蝇对酒精的敏感性存在着紧密联系，该信号通路能够抑制高浓度酒精对果蝇所起到的镇静作用。科学家们通过一系列行为学、遗传学和药理学的实验发现，环磷酸腺苷信号通路的突变体 *amnesiac*（*amn*）果蝇，对酒精的敏感性显著升高。这意味着更低浓度的酒精，就能够导致果蝇镇静，也就是"喝醉"。不光在果蝇里，此一基因随后也被证实在哺乳动物的酒精成瘾过程中发挥类似的调控作用。

细胞应激反应

慢性持续的酒精摄入，能够导致果蝇对酒精的耐受，而这种酒精耐受如果

---

* 刘伶（公元 3 世纪），魏晋时代"竹林七贤"之一，以嗜酒著称。

任其发展，有可能产生机体依赖，并最终导致成瘾。果蝇研究表明，一个锌指蛋白——hang，作为果蝇的一个转录调控因子，在这种酒精耐受的发展过程中起着至关重要的调控作用。高浓度的酒精也能导致细胞应激反应的产生，在某种程度上与氧化应激（oxidative stress）和热应激（heat stress）反应类似。进一步的研究表明，hang不光对调控酒精耐受起着重要的作用，对其他类型的细胞应激反应同样如此。这也是第一次揭示了酒精耐受的一个重要机理，它通过影响普遍的细胞应激途径。

更有意思的是，随后的一项大规模调查发现，人体内 hang 的同源基因 ZNF699 的突变，跟参与调查的很多爱尔兰人的酒精依赖密切相关。而在某些死去的人大脑中，ZNF699 信使 RNA 在成瘾相关的背外侧前额叶核团（dorsolateral prefrontal cortex）表达显著下降。

以上几项研究也直接证明了，研究果蝇酒精行为对理解人类酒精成瘾起重要的推动作用。

酒精相关行为的神经机理

除了在分子层面上研究酒精诱导果蝇的行为，果蝇的大脑是如何响应酒精并调控行为的呢？这也是科学家们关注的一个热点。在这里，以研究得最透彻的多巴胺信号为例，以点带面地给大家介绍一下酒精诱导行为的神经机理。

在哺乳动物里，多巴胺是很多酒精诱导行为的关键调控信号，在果蝇里也不例外。研究发现，酒精导致的急性反应，即果蝇过度活跃，是受果蝇大脑中一对多巴胺能神经元调节的。而这对神经元能够投射到中央复合物的椭球体中表达多巴胺受体的神经元，从而可能调控运动行为等。其他多巴胺神经元也能够调控果蝇对酒精的偏好行为。

此外，蘑菇体作为果蝇大脑中睡眠、学习与记忆等很多行为的调控中枢，在酒精诱导的相关行为里面也起着不可或缺的作用。这其中就包括了前面提到的急性酒精诱导的过度兴奋以及改变酒精的偏好行为等。

尽管小小果蝇的脑袋远比人类大脑简单，但是其中很多的"通信机制"却有很大相似性，科学家们也能够将从果蝇大脑学到的知识，用于理解人类的大脑。

果蝇与烟

俗话说得好，"烟酒不分家"。聊完了果蝇与酒精，我们再来简单谈一下果蝇与香烟。

如果说果蝇嗜酒是有些天生的成分在其中的话，让果蝇"抽烟"则多半是科学家们"教唆"的了。香烟里能够导致成瘾的主要成分是尼古丁。当果蝇被暴露在尼古丁的环境中时，与酒精相似，低浓度的尼古丁能够使果蝇更为兴奋，体现为活动加强；而高浓度的尼古丁则使得果蝇运动能力减弱，甚至动弹不得。

有关尼古丁对果蝇行为的影响研究，仍然比较滞后。目前发现的行为影响主要是通过调节多巴胺能神经元来实现的。抑制多巴胺信号通路，能够显著降低果蝇对尼古丁反应的阈值，使得果蝇对尼古丁更为敏感。

果蝇与尼古丁（蔡康非 图）

展望

"何以解忧？唯有杜康。"自古以来人们便知道郁闷之时可以借酒浇愁，而谁曾会想到，小小果蝇也有类似的反应呢？据一则最近的研究报道，如果雄果蝇的求偶请求被雌果蝇不断地拒绝，可怜的雄果蝇也会去寻求酒精的慰藉。

从分子水平到神经环路，从细胞机理到生态适应，"情感丰富"的小小果蝇，也逐渐在成瘾研究的舞台上崭露头角。随着研究手段得到进一步丰富，并开发出跟成瘾相关的更多行为指标，相信在可预见的将来，果蝇研究能够继续引领潮流，为我们了解人类自身和增进健康，作出不容忽视的贡献。

第15章

果蝇与运动

由于自然环境复杂多变，动物在进化过程中形成了各自独特的运动方式。我们看得到鲸尾摆动，看得到猎豹奔跑，看得到飞鹰展翅。其实，不只是大型动物的运动方式复杂，我们身边时常出没的微小动物，也有着优雅的"身姿"，譬如说果蝇吧。

这位总是停留在花果蔬菜上的"不速之客"，体型比苍蝇小得多，身长只有3～4毫米，却行动敏捷，可以在米粒般大小的孔洞中无障碍地穿梭。然而，"麻雀虽小，五脏俱全"，这样一位便于寻找、易于繁殖、技术高超的"飞行员"，成了一群科学家的宠儿。通过研究果蝇，科学家们慢慢发现了这个神奇物种运动的奥秘。

果蝇的一生要经历完全变态发育，运动方式在孵化前的后幼虫期，与成虫期相差甚远。果蝇体内的肌细胞需要经历融合、迁移和收缩等一系列过程，细胞之间的连接需要整合素把细胞外基质与细胞微丝骨架连接起来，才能成为支持果蝇各种生命活动和行为的成熟肌肉。

蠕动

幼虫时期的果蝇，主要表现出卓越的蠕动能力。其10个体节极有默契，最尾端的体节率先开始收缩，然后传递给前方相邻的体节，如此井然有序地收缩并传递，直至头部。到了头部，果蝇不仅要完成一次前伸，还要用口钩重新固定身体，以便下一次蠕动不至于翻车或跑偏，如此才算真正完成了一次蠕动。这整个精细完美的过程，仅仅需要一秒钟。

飞行

待到了成虫时期，果蝇的"舞台"便从地面换到了空中。

果蝇的飞行能力和振翅频率是任何高等的飞翔动物均无法比拟的。科学家们曾采用高灵敏度的摄像机来观测果蝇的飞行，它们能够在一秒之内完成200次振翅，而且每一次振翅都能改变运动的轨迹。如此你便能理解，为何果蝇总能够优雅从容地逃离危险了！答案就在于各个系统、各个器官的相互协调。

果蝇的翅膀着生于中胸。为了将飞行能力发挥到极致，不仅要加强飞行相关的肌肉，还要尽量减少体重及能耗，于是果蝇的中胸内骨骼尤为发达，并且几乎被肌肉所填满，而前胸却无半点肌肉。

除此之外，果蝇还有一个"秘密武器"，那就是由后翅退化而成的平衡棒，其振动频率跟前翅一样，但方向却相反。当果蝇水平飞行时，平衡棒起稳定平衡的作用。一旦航向偏离，平衡棒就会将振动平面的变化传递到脑部，从而立即纠正航向。

此外，机智的果蝇在飞行时还会时刻警觉周围状况，并及时反馈给肌肉系统，以调整前进的速度与方向。果蝇甚至聪明到能够利用气流滑翔，从而降低身体的能耗。

英国诗人哥尔斯密（O. Goldsmith）在《世界的国民》（*The Citizen of the World*）一书中写道："自然这个卷轴，简直是一本知识之书！"在人类社会的文明史上，我们总是善于向大自然借鉴无穷的智慧。科学家们利用果蝇及其他昆虫的平衡棒原理，研制出了一种新型的导航仪——振动陀螺仪，它可以大大改进飞机的飞行性能，使机体在强烈倾斜时能够自动恢复平衡，即使在最复杂的急转弯时，也可确保万无一失。

果蝇的心脏

果蝇能够尽情展现丰富多彩的运动技艺，与其独特的心血管系统密不可分。

果蝇的心血管系统为沿着身体背部正中线由单层细胞组成的一条前后走向的长管状结构，称为背血管。在背血管末端闭合的膨大长管状结构，即为果蝇的心脏，而主动脉与心脏紧密相连。

与人类的血液循环系统不同，果蝇的"静脉血"和"动脉血"并不分开，一起在心脏和血管中流动，并充满整个体腔，将所有内脏器官浸泡于其中。这种特殊的血液没有颜色，而且兼具哺乳动物血液和淋巴样组织液的功能，因此也被称为血淋巴。这种特殊的循环系统，叫作"开放式循环系统"。

与人类的四腔心脏（左心室、右心室、左心房和右心房）类似，果蝇的心脏也被 3 套瓣膜结构分成前锥形腔和 3 个后腔室。每个腔室包含 6 个心肌细胞，促进血淋巴在背血管中流动。果蝇心脏能够进行与人类心脏类似的有规律搏动。

果蝇的心跳频率在不同个体以及不同发育阶段存在较大差异，一只 27 小时大的野生型果蝇幼虫的心跳频率，约为每分钟 145 次。果蝇的心跳周期由包括舒张期和收缩期的心动周期组成。成年果蝇的心跳由心脏交替性地顺向和逆向搏动所驱动，这就使得血淋巴在果蝇体内的流向也发生周期性变化。

除了心脏结构与功能上的相似性之外，控制人类和果蝇心脏发育的基因，在进化上也高度保守。人类很多心脏疾病是由于这类控制心脏发育的基因发生突变所致。科学家们让这些基因的果蝇同源基因发生突变，使果蝇也患上"心脏病"，以构建相应心脏病的果蝇模型。例如，GATA4 基因突变能够导致人类出现先天性心脏病的症状，让 GATA4 的果蝇同源基因 pannier 发生突变，果蝇的心脏功能也表现出异常。通过研究这些患有心脏病的果蝇，科学家就能够找到基因突变导致心脏病的原因，从而去开发药物，治疗相关疾病。

为了更好地研究果蝇，科学家们甚至还发明了果蝇专用的"心电图""超声心动图"等仪器和方法，以监测果蝇的心脏功能。利用半自动光学心跳分析仪，科学家们可以同时测量果蝇心脏的收缩期、舒张期和心率。光学相干断层扫描技术常被用来实时监测活体果蝇的心跳状态，相当于临床上常用的超声波心动描记术。由于心脏的节律性是通过电传导维持的，因此在研究果蝇心脏节律的时候，电信号的监测十分重要。利用灵敏的电势检测装置，并将极细的玻璃电极插入果蝇的心脏，科学家们就可以监测果蝇心脏自发的场电势。

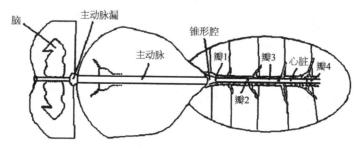

果蝇心脏模式图

[引自胡永艳，孔申申.果蝇模型与心脏衰老遗传机制.中国比较医学杂志，2016，26（11）：85-89]

神经肌肉接头

读到这里，读者可能又会出现一个新的疑问：果蝇的运动究竟是怎么调控的呢？其实，果蝇是通过一个精妙的神经肌肉接头结构，把脑袋里面的指令输送到肌肉上面，调控果蝇复杂的运动行为。

在实验室里，果蝇三龄幼虫的神经肌肉接头经常被解剖出来加以观察。它每侧体节仅有32个负责调控运动的神经元，至少由10个不同的神经母细胞分化而来。运动神经元轴突末端的突触结构包裹着神经递质，精准地靶向于不同肌纤维的特定位置。

神经递质从运动神经元释放到肌肉，肌肉逆向的信号传递回神经元，协同控制肌肉的收缩和舒张。果蝇的神经肌肉接头模型，最早是由著名神经生物学家詹裕农和叶公杼在20世纪70年代中后期建立起来的。由于在显微镜下非常容易染色观察，神经元突触前神经递质的释放、突触囊泡的释放和回收、离子通道的功能、突触的可塑性等难题，一一被迎刃而解；生物学过程和分子信号通路，也通过研究这简单却精密的神经肌肉接头，得以逐一发现。

果蝇神经肌肉接头也为研究运动障碍类疾病提供了一个无可比拟的平台。通过它可以清楚直观地观察神经元和肌肉之间的精密微细结构，记录两者之间的电生理信号。

果蝇神经肌肉接头的突触后受体是离子型谷氨酸受体，与脊椎动物中枢神经系统的 AMPA 型谷氨酸受体相似，可以很好地模拟人类中枢神经系统中突触的神经传递功能。科学家们通过这个平台，研究多种运动障碍的发病机制，例如肌萎缩侧索硬化、脊髓性肌萎缩、强直性肌营养不良等。

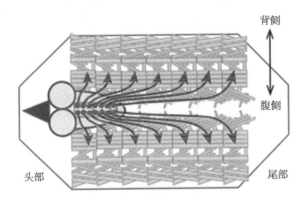

果蝇幼虫神经肌肉接头结构

［引自 Kohsaka H, Okusawa S, Itakura Y, et al. Development of larval motor circuits in *Drosophila*. Development Growth & Differentiation, 2012, 54(3): 408 ］

"渐冻人"

肌萎缩侧索硬化症患者，也就是大家熟知的冰桶挑战节目所要鼓励的"渐冻人"。这种病主要是由大脑皮层、脑干和脊髓的运动神经元变性，导致进行性骨骼肌无力、萎缩、痉挛的神经变性疾病，一般中老年发病多见，生存期为 2 ～ 5 年。

脊髓性肌萎缩是一种常染色体隐性遗传病，携带者的频率高达 1/60 ～ 1/40。它是由脊髓前角细胞变性退化而导致进行性肌无力和肌萎缩的运动神经元疾病。

强直性肌营养不良是一种常染色体显性遗传病。患者的致病基因包含一段比正常人长的CUG或CCUG碱基重复序列。这种异常扩增的重复序列，会影响肌肉的功能。患者的临床表现包括肌强直、肌萎缩、心脏传导阻滞、睾丸萎缩、白内障和智力受损等。

果蝇生物学家构建了这几种疾病的果蝇模型，均出现运动障碍、神经肌肉接头结构异常和其他的疾病相关表征。果蝇有多种多样的基因突变体，把疾病果蝇模型与这些突变体杂交，就可以确定究竟哪些关键分子和信号通路能够改变果蝇表型，从而发现疾病的致病机制。或者直接把药物放在果蝇模型的食物里面，喂食果蝇，我们就可以找到治疗疾病的候选方案。例如，对强直性肌营养不良果蝇模型进行了具有生物学活性之化合物的筛选，发现多巴胺、乙酰胆碱和组胺受体阻断剂以及单胺再摄取抑制剂等非常有效。

展望

通过对果蝇的研究，科学家们更进一步了解到生物运动的神奇与魅力。

就飞行来说，在一些工程师的计算中，人类熟悉的鸟类飞行模式是不可能在果蝇这样"娇小"的生物中实现的。可出乎意料的是，小小的果蝇却掌握了这种本领。凭借着一对薄薄的翅膀和少数飞行肌，加上一些相关的结构，就能完成飞行中升降、进退、转向和变速等系列复杂操作。这着实令人折服！

爱因斯坦曾说："人所具备的智力仅够使自己清楚地认识到，在大自然面前，自己的智力是何等欠缺。如若这种谦卑精神能为世人所共有，那么人类活动的世界就会更加具有吸引力。"

果蝇只是大自然中的沧海一粟，果蝇的运动竟让我们获得如此丰富的知识与灵感，我们怎能不发出由衷赞叹！

第16章

果蝇与细胞器

细胞是在1665年由英国科学家罗伯特·虎克（R. Hooke）观察软木塞后命名的，它是生命的基本单位。关于细胞里面的结构，苏格兰科学家布朗（R. Brown）用显微镜观察洋葱根而发现了细胞核，以及细胞质内的一些小东西。这些小东西自由随机地运动，由此发现了给物理学以启发的布朗运动。有关细胞的普遍存在，进一步被施旺（T. Schwann）、施莱登（M. J. Schleiden）所证实，从而形成了细胞学说。

细胞的器官

而关于细胞内的亚结构，科学家开始发现了一些新东西。

在细胞内部有各种微小区域，它们在细胞内执行非常特殊的功能。就像器官是身体的一部分，这些微小区域是细胞的一部分，因此被称作细胞器。在不同种类的细菌细胞、真菌细胞还有植物、动物以及人类细胞中，可以发现许多不同的细胞器。每个细胞器都承担有自己的重要任务，如生产能源，制造、分装、修饰或降解蛋白质等。

细胞器如同生命的黑匣子，还有许多未知等待着我们去揭示。果蝇作为模式动物，为细胞器的研究作出了许多重要贡献。有些细胞器的新功能，就是首先在果蝇细胞里面找到的。有些细胞器是首先在果蝇细胞里面发现的。还有些细胞器则在果蝇中找到了关键的功能与作用机制。也有些细胞器，首先在其他物种中被发现，之前认为不存在于果蝇细胞中，但后来发现在果蝇中保守。

果蝇细胞的纤毛？

我们在这里分享一个果蝇和细胞蛇（一种新型细胞器）的故事。

2007年9月，牛津大学科学家用4种不同来源的叫作Cup（"杯子"的意思）蛋白的抗体，对雌性果蝇的生殖系统即卵巢组织进行免疫化学染色。Cup蛋白是翻译起始因子的结合蛋白质，可以标记细胞质里面一种无膜细胞器——P小体。其中3种抗体如所预料地标记了P小体，那就是一团一团不规则的球体结构。但出乎意料的是，第四种抗体除了染出P小体之外，也标记了长条形的丝状结构。

这些丝状结构在卵泡细胞里面大约是每个细胞一根；在护理细胞和卵母细胞中能形成比较大、比较粗的丝状结构，数目也是一到几根。这种形状及数量与纤毛很相似，所以科学家坚信，在果蝇中找到了有纤毛的新的细胞类型，为此而激动不已，并亲自做实验验证这些结构是否真的就是纤毛。

纤毛在100多年前被发现。在此后的绝大部分时间里，世界上绝大部分科学家认为纤毛没有功能，认为它是生命漫长进化过程中还没来得及淘汰的细胞残余结构。只是在最近20年，纤毛的功能才开始得到揭示。比如，我们人体几乎每个细胞都有纤毛。纤毛是细胞的信号中心。在早期发育中，纤毛的转动方向决定了内脏的左右不对称性。而在果蝇中，只有3种细胞被发现有纤毛。这3种细胞分别是化学感觉神经元、机械感受神经元，以及雄性果蝇的精子。

纤毛的一个显著特征是，其一端与一对中心粒相连，而中心粒包含不少标志性蛋白质。当时的思路是，如果这个丝状结构是纤毛的话，那么它的一端应该与中心粒关联。

杯弓蛇影：细胞蛇在"杯子"里吗？

为了检测在雌性果蝇生殖系统的这些细胞里的丝状结构是不是纤毛，科学家用丙型微管蛋白或者 Sas-4 蛋白作为中心粒的标记物，试图用 2 种不同颜色的荧光染料，分别标记中心粒和这个丝状结构。令人失望的是，在接下来的 2 年里所做的一系列实验中，并未发现这个丝状结构与中心粒之间有必然联系。因此，牛津大学的科学家把这个不是纤毛的丝状结构，称作 cytoophidium（细胞蛇），源于希腊文 "cyto"（细胞）和 "ophidium"（蛇）。

既然不是纤毛，接下来的思路是试图找到细胞蛇的标志蛋白质。最初的抗 Cup 抗体因为不纯而产生假象，交叉染色而标记了细胞蛇。经过亲和纯化的抗 Cup 抗体就不再能标记上细胞蛇，证实 Cup 蛋白并不在细胞蛇里分布。

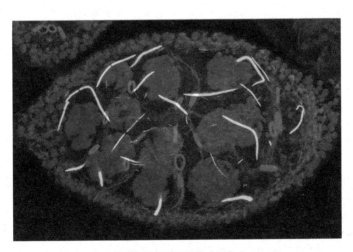

果蝇细胞里的细胞蛇（绿色）

［引自 Liu J L . Intracellular compartmentation of CTP synthase in *Drosophila*. Journal of Genetics and Genomics, 2010, 37(5): 281-296 ］

三个 C 的关联

应用那个奇怪的抗 Cup 抗体，对从 2 个绿色荧光标记的果蝇品系取得的样品进行免疫化学染色，科学家发现存在完美的共定位。在这 2 个果蝇品系中，绿色荧光蛋白独立地插入果蝇的三磷酸胞苷酸合成酶（CTP synthase, CTPS）。

在许多细胞中，核苷酸CTP的合成通过补救途径或从头合成途径。CTP从头生物合成的通路由10步反应组成，其中CTPS催化最后一步，也是速率的限制步骤。更具体地说，CTPS催化一组3个反应——激酶反应、谷氨酰胺酶反应和连接酶反应。

为了验证CTPS是细胞蛇的组分，科学家搜寻所有商业化的抗CTPS抗体，购买到的若干种抗体分别可以识别来自人或酵母菌的CTPS。同时，他们也自制了专门针对果蝇CTPS的抗体。来自不同物种的CTPS序列较为相似，其中某些片段几乎完全一样。最终，用多种不同来源的试剂观察CTPS在果蝇细胞里的定位，均非常一致地展现出细胞蛇的分布模式。这样科学家就比较自信地认为，CTPS是可以在果蝇细胞内形成的细胞蛇，并在2010年5月初发表一篇文章描述了这一观察。

至此，Cup（杯子）、CTPS（三磷酸胞苷酸合成酶）和cytoophidium（细胞蛇）这3个C字母开头的单词之间的关系，便水落石出了。

古老的细胞蛇

同年稍后，美国另2家实验室独立报道了CTPS在细菌和芽殖酵母细胞中形成丝状结构。2011年，英国牛津大学和美国佛罗里达大学的科学家们分别独立在人和小鼠细胞中证实了细胞蛇的存在。

在地球46亿年的历史长河中，细菌和人类的进化祖先在30亿年前就已分道扬镳。然而，从细菌到人类的细胞中都发现了细胞蛇的存在。这说明形成细胞蛇是CTPS的一个高度保守且非常古老的特性。

细胞蛇可以在果蝇卵巢中的所有3种主要细胞类型即护理细胞、卵母细胞和卵泡细胞中观察到。在早期和中期的卵室，每个卵泡细胞含有一个主要的细胞蛇。在光学显微镜下观察果蝇生殖细胞，可以明显找出2种类型的细胞蛇。一种是大而粗的大细胞蛇，它们可以达到30～40微米长，每个细胞只有一根或者几根。另外一种是小细胞蛇，它们在每个生殖细胞里数量有成千上万，长度只有

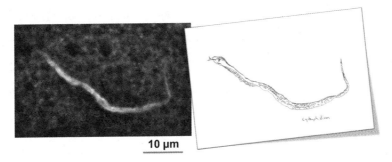

细胞蛇

左为显微镜下看到的细胞蛇，右为蛇的模拟图。[引自 Liu J L . The cytoophidium and its kind: Filamentation and compartmentation of metabolic enzymes. Annual Review of Cell and Developmental Biology, 2016, 32(1): 349]

1 ～ 3 微米。大细胞蛇可以由许多小细胞蛇融合加长，并且成束而加粗。

为了确定细胞蛇的功能，重要的是详细了解装配过程。这可以通过与活体成像结合的药理学方法进行研究。细胞蛇的组装大体可分为5个阶段：成核；延伸；融合；成束；环化。

在果蝇生殖细胞里，笔者观察到小细胞蛇与经典细胞器高尔基体常常连接在一起，尽管细胞蛇和高尔基体在功能上是否关联仍不清楚。有趣的是，在行将凋亡的卵室里，大细胞蛇的数量明显增多。

果蝇生殖细胞中的大多数细胞蛇是线形的。相比之下，幼虫淋巴腺中的细胞蛇通常显示为环形或C形。目前尚不清楚，环形细胞蛇与线形细胞蛇在功能上是否存在区别。

CTPS可以在人类细胞的细胞质和细胞核中形成细胞蛇。在裂殖酵母细胞的细胞质和细胞核中也都可以观察到细胞蛇。

展望

细胞蛇中第一个已知的成分是CTPS。为了揭示细胞蛇的组成，一个经典的方法是亚细胞分离。当CTPS过表达时，可以在培养细胞中形成大细胞蛇。这些大细胞蛇可以被生物化学纯化。

　　另一种可能的方法是全基因组筛选荧光标记的蛋白质，以寻找能够形成纤维的蛋白质。在芽殖酵母中至少有23种蛋白质像CTPS那样，可以形成细胞蛇或类似的结构。

　　从果蝇细胞中首先报道发现的细胞蛇，看来是细胞的一个基本结构。形成细胞蛇是细胞的一个古老而且根本的策略。对细胞蛇的深入探索，有助于我们理解这个古老细胞器的生物学功能。

第17章

果蝇与生物科技

果蝇是科研领域最为经典也最为重要的模式生物之一。利用果蝇作为模式生物，人们取得了一系列重要的科研成果，帮助我们更好地理解了动物发育、动物行为、生物学知识以及人类疾病。科学和技术总是相辅相成的，果蝇中生物技术的快速发展，为这些发现提供了技术支持，其中基因表达调控是进行科学研究最有效的技术手段。

果蝇中依赖于Gal4/UAS系统的转基因技术，可以实现特定基因在特定发育阶段、特定细胞组织内的基因表达调控，并且可以进行嵌合体分析实验。近几年，随着CRISPR/Cas9技术的出现，研究者可以在果蝇中轻易地实现选定基因的突变，为深入研究目的基因铺平了道路。此外，依赖于CRISPR/Cas9技术的转录激活和转录抑制技术，也逐渐发展起来了。

果蝇中这些反向遗传学的基因调控手段的发展，为基础研究的重大突破提供了重要的理论与技术支持。

外源基因表达系统

在果蝇体内探究基因功能时，往往需要在时间和空间上，特异地控制目的基因的表达。而二元表达系统作为一种灵活多变的遗传学工具，可以通过遗传学操作，实现时空特异的基因表达调控。常见的二元表达系统主要有Gal4/UAS

系统、LexA/LexAop系统、tTA/TRE系统和Q系统。虽然这些系统都可以实现目的基因的表达调控，但是综合这些系统在果蝇中的表达效率、方便程度、应用状况来看，Gal4/UAS系统是最受欢迎的二元表达系统。

Gal4/UAS系统是在酵母中被发现、可以调节半乳糖代谢的表达体系，其中Gal4蛋白可以结合上游激活序列（upstream activation sequence, UAS），然后激活半乳糖利用基因的转录，以调节半乳糖代谢。

Gal4蛋白的N端可以形成二聚体，并结合UAS序列；C端可以通过结合SAGA复合物，并招募中介体（mediator）复合物以及其他转录激活机器，起始转录活动的发生。

在研发Gal4/UAS系统之前，基因的过表达通常是将目的基因的CDS克隆到热激（heat shock）启动子之后，或者连接到组织特异性的启动子后。前者虽然能够诱导目的基因的过表达，但是没有组织器官特异性，在全身均有过表达而经常导致果蝇死亡，无法研究目的基因发育后期的功能；而后者克隆步骤繁琐，并且只能有限地增加目的基因的表达量。所以，这两种方式并不能有效地实现基因的过表达调控。

依靠着布兰德（A. Brand）的酵母遗传学和分子生物学背景以及佩里蒙（N. Perrimon）的果蝇遗传学知识，果蝇中的Gal4/UAS系统由他们两位在哈佛医学院共同研发。

布兰德当时正在进行Gal4的相关研究，并且发现酵母中的Gal4通过结合UAS序列激活转录的功能，在人类、斑马鱼、果蝇等物种中仍然保守。随后，布兰德在一次学术交流过程中受到了格林（W. Gehring）的启发，格林介绍了他们在果蝇中通过增强子捕获（enhancer trapping）方法确定了一系列组织细胞特异的DNA调控序列。布兰德马上意识到，如果将Gal4放入这些序列的位置，那么就可能在特定的组织和细胞中，实现UAS下游基因的特异性表达。

二元表达系统Gal4/UAS利用组织细胞特异性表达*Gal4*的不同转基因果蝇，以及携带*UAS*目的基因的转基因果蝇，只需要两者简单地杂交，就可以实现特定时间与空间上的基因过表达。自从这项技术被研发以来，不同的*Gal4*转基因果蝇品系数量不断增加。现在世界上存在数千个*Gal4*转基因果蝇品系，它们可

以与任意的 *UAS* 转基因果蝇杂交，实现特定基因在特定时间、特定组织细胞中的过表达。同一基因的 *UAS* 转基因果蝇，也可与不同的 *Gal*4 转基因果蝇杂交，用于探究同一基因在不同发育阶段、不同组织细胞中的功能。

为了在更加精确的时间窗上调控目的基因表达，人们构建了 Gal80-G203R 单个氨基酸点突变形式的温度敏感型的 Gal80^{ts}。在 18℃时，Gal80^{ts} 可以结合 Gal4 蛋白的 C 端，并抑制其转录激活的功能。而在 29℃时，Gal80^{ts} 不再能结合 Gal4，并释放 Gal4 转录激活的功能。这样就可以通过简单改变果蝇培养的温度，来精确控制基因表达的时间，真正准确地实现目的基因在特定时间、特定位置上的表达调控。

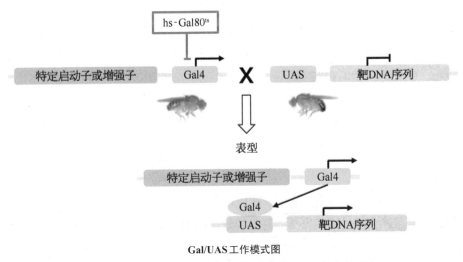

Gal/UAS 工作模式图

［改自王霞，等.果蝇新品系开发与种质资源保存.实验动物科学，2016（3）：4-12］

基因敲除技术

在研究基因功能的过程中，常用的研究手段有过表达（gain-of-function）和缺失（loss-of-function）。其中缺失通常是指将目标基因敲除，所以操作的对象可以是 DNA、RNA 转录的过程，RNA 转录本，甚至是蛋白质，通过终止或降低目标基因的功能，来研究它们在特定生物学过程中所起到的作用。常见的方式包括 CRISPR/Cas9 系统介导的基因编辑技术、CRISPR/dCas9 介导的转录抑制系统、

RNAi技术，以及通过小分子抑制蛋白质功能等。

尽管不同的方法都可以在一定程度上降低基因的表达量，但是从实验设计、转基因品系构建与调节效率上综合来看，RNAi技术是最理想的基因敲除技术，也是大规模筛选基因功能的理想手段。

RNAi技术自从出现开始，就得到了广泛重视和快速发展。法尔（A. Fire）和梅洛（C. Mello）发现长双链的RNA（dsRNA）可以结合与其互补的目的基因mRNA，并引发目的mRNA的降解。凭借这一发现，他们获得了2006年诺贝尔生理学或医学奖。

当dsRNA被注射到线虫或果蝇体内以后，dsRNA会被蛋白酶Dicer加工，并切割为21bp（碱基对）的siRNA。siRNA可以结合RNA诱导的沉默复合体，并通过碱基互补配对的方式与目的RNA结合，催化目的RNA的剪接降解或干扰翻译过程，实现目的基因的敲除。而如果将RNAi技术与Gal4/UAS系统结合到一起，那么就可以实现目的基因在特定发育阶段、特定组织细胞中的敲除。

果蝇体内RNAi最开始的实现方式，是直接注射dsRNA到果蝇的早期胚胎中，激发RNAi的发生。但这种方式产生一种瞬时的RNAi，只能研究目的基因早期发育阶段的功能，并且在进行大规模筛选时显得尤为费时费力。随后，通过P因子（P-element）整合并构建UAS调控的长链dsRNA，转基因果蝇的第一代转基因RNAi技术出现。利用Gal4/UAS系统，可以在特定的发育阶段、特定的组织中敲除目的基因的表达，并为构建基因组范围内针对每一个基因的转基因RNAi资源库提供路径。

此后，基因组范围的大规模筛选实验逐渐兴起，但是筛选的结果中存在较高的假阴性和假阳性。产生假阴性主要是因为载体本身以及P因子所介导的转基因整合，是随机插入基因组中的。插入的位置效应导致RNAi效率较低，而无法产生应有的表型。假阳性则来源于dsRNA的脱靶效应，以及P因子介导的随机插入对于重要基因功能的破坏。

这一问题在随后研发的第二代转基因RNAi技术中得以改善。利用phiC31介导的整合替代了P因子载体，帮助UAS-dsRNA插入固定的、可以产生高效表达的基因组位点。同时，在载体两端加上绝缘子来提高dsRNA的表达量，并降低对邻近基因的影响。

　　尽管第二代转基因 RNAi 技术已经能够实现有效的 RNAi，但是 dsRNA 在剪接后会形成数百个 siRNA，容易产生脱靶效应而造成假阳性的结果。另外，dsRNA 在雌蝇生殖系统中效率很低，不能有效地调控生殖细胞内基因的表达，而雌蝇卵巢是在果蝇中开展研究的理想模型。

　　在此背景下，第三代转基因 RNAi 技术应运而生。这一代技术继承了第二代技术的所有优点，利用 UAS-shRNA 取代了 dsRNA，将 shRNA 放入 microRNA 的骨架中，并通过 microRNA 所介导的降解途径，调节目的基因的转录产物。此技术可以在体细胞和生殖细胞中实现高效的 RNAi，并在一定程度上降低脱靶效应造成的假阳性。

　　随着大规模的应用，我们发现利用该技术构建的品系，即便没有 Gal4 驱动，也会在一些组织里高表达，从而影响果蝇的发育。另外，对于一些高表达的基因干扰效果有限，并且只能靶向调控一个基因，不能方便有效地调控两个及两个以上蛋白质组成的蛋白质复合物、功能冗余的基因。这些方面将是此后技术改进的重中之重。

　　大规模的转基因 RNAi 筛选，可能需要数千个 UAS-RNAi 果蝇品系与相应的 Gal4 品系杂交。现在世界上一共存在 4 个规模较大的转基因 RNAi 与 Gal4 的品系资源库，用以进行大规模的筛选。

　　维也纳果蝇资源中心（Vienna *Drosophila* Resource Centre, VDRC）有 26 585 株转基因 RNAi 果蝇，覆盖了果蝇中 89% 的蛋白质编码基因，是覆盖率最高的一个果蝇资源库。该库主要采用长链 dsRNA，并利用 P 因子随机插入构建。

　　日本国家遗传学研究所（The National Institute of Genetics, NIG）的果蝇资源库包含 11 910 株果蝇品系，能够覆盖 45% 的蛋白质编码基因，也采用长链 dsRNA，并利用 P 因子随机插入构建。

　　位于美国印第安纳大学的资源库（Bloomington Stock Center）和位于中国清华大学果蝇中心（TsingHua Fly Center, THFC）的资源库，都包含 10 000 多个果蝇品系，大约能覆盖 70% 的蛋白质编码基因。这 2 个果蝇库仍在不断扩大中，它们采取长链 dsRNA 和 shRNA，并利用定点整合的方式，插入高表达的基因座。

　　4 个果蝇库为以果蝇为模式生物的实验室提供着实验材料，为整个果蝇领域作出了巨大的贡献。

基因编辑技术

基因编辑技术的快速发展，为推动科研领域的重大突破提供了重要技术支持。

最开始是通过X射线等高能粒子或者EMS、ENU等化学诱变剂进行基因突变，之后依赖于转座子的随机突变开始出现。尽管这2种正向遗传学的突变方式，都可以引起基因突变，但因为是随机突变，且可能出现多个位点突变，后续的鉴定工作异常繁琐。

此后出现的锌指核酸酶（ZNF）和转录激活因子样效应物核酸酶（TALEN）基因编辑技术，虽然具有了靶向性，而且提高了基因编辑的效率，但需要体外构建针对靶标基因的模块化识别蛋白质以及进行体外转录，步骤繁琐，成本较高。

近几年，CRISPR/Cas9基因编辑技术被广泛应用，真正实现了简便、特异、高效、经济的基因编辑，对于推动基础研究的发展，起着至关重要的作用。

CRISPR/Cas9系统是细菌和古细菌中一种重要的获得性免疫系统，用以抵御外源DNA的入侵。当外源病毒或质粒DNA入侵时，细菌中的CRISPR/Cas9系统会启动，识别外源序列，并将其整合到CRISPR的重复单元之间。随后CRISPR序列会转录产生前体crRNA（pre-crRNA）并被加工成crRNA（small CRISPR RNA，crRNA，CRISPR相关RNA），具有导向Cas9的作用，同时Cas9蛋白也会表达。最后，crRNA与Cas9蛋白组装形成复合体，对外源入侵的病毒或者质粒进行切割，起到防御入侵的作用。

在免疫过程中，tracrRNA（trans-activating crRNA，反式激活crRNA）对于前体crRNA的加工成熟和靶标位点的识别至关重要。在使用CRISPR/Cas9的过程中，通常将携带靶标序列的crRNA和tracrRNA融合为sgRNA（single guide RNA，单链引导RNA），引导Cas9蛋白到达靶标区域，行使核酸酶功能，切割DNA分子。所以，CRISPR/Cas9系统主要由Cas9和sgRNA两部分组成。

CRISPR/Cas9系统剪接的特异性，是由位于sgRNA 5′端的20个核苷酸的靶标序列，以及位于这个靶标序列旁边叫作PAM（protospacer-adjacent motif，前间区序列邻近基序）的序列共同决定的。PAM通常是核苷酸NGG。Cas9切割后，会形成DNA上的双链断裂（double-strand break，DSB）。DSB会促使细胞进行非同源重组的末端连接（non-homologous end joining, NHEJ）。这一不精确的DNA修复方式，往往会导致小片段的插入或缺失，最终改变基因的编码区，并破坏基因的功能。

当在切割过程中提供修复供体（donor）作为修复模板时，修复过程可成为得到精确同源重组指导的修复（homology-directed repair, HDR）。在此过程中，可以实现特定目的基因片段的插入、缺失，甚至单个核苷酸的点突变等。

CRISPR/Cas9系统被发现以后，在各种物种中利用CRISPR/Cas9系统进行基因编辑的应用陆续被发表。在果蝇中同样出现了几种编辑方式，差别主要体现在Cas9蛋白和sgRNA的提供方式。最开始的方式是直接注射编码Cas9和sgRNA的2个质粒到果蝇的早期胚胎中，这种突变的效率比较低。第二种方式是直接注射体外转录的Cas9的mRNA和sgRNA到果蝇早期胚胎中，尽管大大提高了突变效率，但是这种方式需要体外转录，成本较高。第三种方式是分别构建Cas9和sgRNA的转基因果蝇，将两个果蝇杂交后可以得到较高的突变效率，但是这种方式在突变前和突变后都需要费时的果蝇整合。最后一种方式是构建Cas9的转基因果蝇，并利用生殖系统中特异表达的 *nanos* 启动子来驱动Cas9的表达。在这个果蝇胚胎中注射sgRNA的质粒，就可以实现高效的基因突变。Cas9只在生殖系统中表达，消除了体细胞被突变的可能性，降低了毒性。

随后优化了sgRNA的注射浓度，分析了sgRNA中GC含量对于编辑效率的影响，探究了潜在的脱靶效应，构建了果蝇全基因组水平的sgRNA在线设计数据库。可以根据sgRNA序列，预测突变效率。利用优化的方法，首次实现了一步突变4个基因，并显著提高了同源重组效率。

通过CRISPR获得的白眼黄身体果蝇（Nicolas Gompel 图）

左为全身，中为头部，右为眼睛。

CRISPR/dCas9 系统介导的转录激活

传统的过表达方式，操作起来繁琐，成本高，并且只过表达cDNA的方式不能反映基因自身的表达模式。CRISPR/Cas9系统则具有识别、结合并切割DNA双链的能力。将Cas9核酸酶活性突变之后，CRISPR/Cas9系统就不具有切割DNA的能力，但是识别和结合DNA的能力不受影响。如果在核酸酶活性缺失的Cas9蛋白（dCas9）C端融合转录激活结构域，在sgRNA引导下，就可以在基因座的原位增加目标基因的转录。

CRISPR/dCas9系统介导的转录激活，相对于传统的过表达方式具有两个明显的优点。首先，此系统是在原位激活基因的转录，基因的表达模式更接近基因自身的表达状况。其次，在CRISPR/Cas9系统中，唯一可变的组件就是sgRNA。针对不同的基因，只须改变sgRNA即可，因此适合大规模、高通量的操作。

在发现CRISPR/dCas9转录激活系统可以在哺乳细胞中高效地发挥作用后，哈佛大学和清华大学的科学家在果蝇细胞中以及在果蝇体内开发了转录激活系统。他们采用了dCas9–VPR的系统，并证明了该系统确实可以激活目的基因的表达，并产生特定的表型，为果蝇体内的过表达研究提供了重要的技术支持。

尽管这一系统可以激活目的基因转录而产生表型，但是其激活效果仍然较低，往往需要2个sgRNA才能实现高效的转录激活，并对果蝇的发育产生毒性，未来的研究仍需要着眼于提高激活效率，并降低毒性。

CRISPR/dCas9 系统介导的转录抑制

转录是基因表达过程的第一步。RNA聚合酶以及相应的转录因子结合到基因启动子等调控序列部位，以DNA模板链为模板，按照碱基互补配对原则，启动RNA的转录。在RNA转录过程中，如果有其他蛋白质与目的基因结合，并阻断RNA转录过程，就可以起到抑制基因表达的作用。CRISPR/dCas9系统，在

sgRNA的引导下就可以与特异的靶标基因序列结合，并可能阻断RNA转录过程。基于此，可以开发CRISPR/dCas9系统介导的转录抑制系统。

为了增强转录抑制的效果，与基因转录激活相对应，可以将转录抑制结构域连接在dCas9的C端，开发基于CRISPR/dCas9系统的转录抑制系统，即CRISPR干扰系统（CRISPRi）。牛津大学科学家2016年报道了在果蝇细胞及果蝇体内，可以利用CRISPRi系统干扰lncRNA的转录，降低lncRNA的表达。研究发现，利用人类和果蝇中密码子优化的dCas9蛋白，不经过融合其他蛋白质模块，在sgRNA的引导下，就可以降低lncRNA *roX*的表达。

嵌合体分析方法

嵌合体分析方法是果蝇研究中经典、有效的一种实验方法。通过此方法，可以探究改变基因表达后对于标记的细胞克隆及其后代细胞的影响，用以区分自主和非自主的调控方式，可以更加直观地了解细胞变化的过程。

在酿酒酵母中发现的重组酶FLP，可以识别34bp的FLP重组靶向序列（FRT），并且催化两个FRT之间进行位点特异的重组。这种酶的活性在果蝇中是保守的。通过Gal4/UAS系统与FLP/FRT系统的结合使用，可以实现各种类型的嵌合体分析。

FLP-out Gal4

在这种系统中，经过热激*诱导表达的FLP重组酶可以识别并切除两个同向FRT序列之间的转录终止信号。通过控制热激的时间，促使部分克隆细胞切除终止信号。之后，克隆细胞中组织特异性的启动子就可以启动下游Gal4蛋白的表达。Gal4结合到特定的UAS序列上，进而促进GFP的表达以及目的基因的过表达或敲除（GFP可以换为其他标记物）。

---

* 热激：指生物体对高温胁迫的一种应激反应。

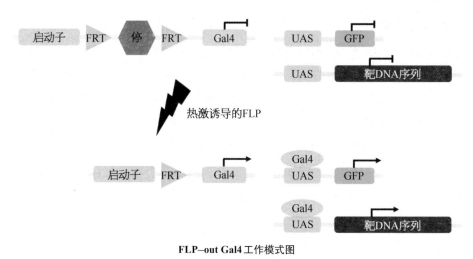

FLP–out Gal4工作模式图

[改自 Sun J, Wei H M, Xu J, et al. Histone H1-mediated epigenetic regulation controls germline stem cell self-renewal by modulating H4K16 acetylation. Nature Communications, 2015, 6: 8856]

在这种系统中，GFP在哪里表达，目的基因的过表达和RNAi就在哪里发生。在果蝇特定的组织中，克隆会随机地产生，并且这种克隆可以在新老细胞之间继承。

利用FLP/FRT系统获得纯合突变的克隆

上述获得嵌合体的方法，仅适用于单纯的Gal4/UAS系统介导的转基因果蝇，而对于目的基因在基因组上的突变，往往需要在特定的发育阶段、特定的组织中获得纯合突变的克隆来进行深入研究。

最简单的实现方式就是在没有突变的染色体臂上插入一个GFP。通过热激诱导，在特定的组织中表达重组酶FLP，并催化位于同源染色体着丝粒附近相同位置的2个FRT发生重组。

在有丝分裂过程中，同源染色体上的姐妹染色单体分离，并进入子细胞中，这样就会产生2条不具有GFP表达的、具有基因突变的染色体，进入同一后代克隆细胞中。这种嵌合体系统中不表达GFP的细胞是具有纯合突变的克隆细胞。

尽管上述方法操作简单，但是在实验过程中，我们会发现在一些组织中很难确定GFP阴性的纯合突变克隆，尤其在神经系统中。为了解决这一问题，斯

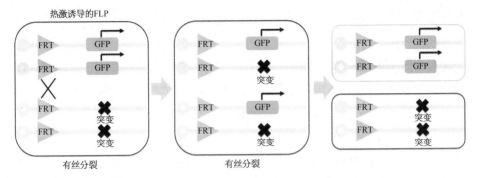

FLP/FRT 系统诱导的 GFP 阴性的纯合突变克隆

［ 改 自 Johnston D S. Using mutants, knockdowns, and transgenesis to investigate gene function in *Drosophila*. Wiley Interdisciplinary Reviews Developmental Biology, 2013, 2(5): 587−613 ］

坦福大学科学家开发了 MARCM（mosaic analysis with a repressible cell marker，采用一个可阻遏细胞标记物的镶嵌分析）系统。在 MARCM 系统中，GFP 阳性的细胞是产生纯合突变的克隆。MARCM 将 Gal4/UAS 系统与 FLP/FRT 系统巧妙

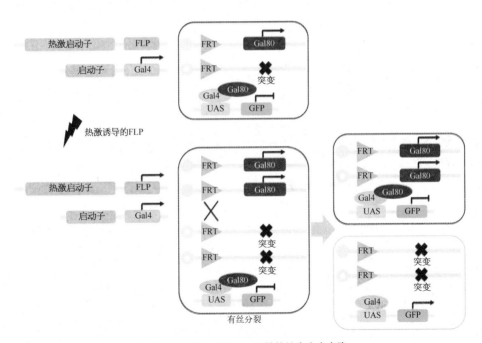

MARCM 系统诱导的 GFP 阳性的纯合突变克隆

［ 改 自 Elliott D A, Brand A H. The GAL4 system: A versatile system for the expression of genes. Methods in Molecular Biology, 2008, 420: 79−95 ］

地结合到一起，可以实现在特定发育阶段、特定组织细胞中GFP阳性的纯合突变克隆的诱导。

在没有基因突变的染色体臂上插入一个Gal80。正常状态下，组织特异性的启动子虽然可以启动Gal4的表达，但是由于Gal80的存在，GFP的表达受到抑制。通过热激诱导，在特定发育阶段、特定组织细胞中表达重组酶FLP，并催化位于同源染色体着丝粒附近相同位置的2个FRT发生重组。在有丝分裂过程中，会产生2条带有突变、不带有Gal80的染色体，进入同一后代克隆细胞中的现象。由于不存在Gal80的抑制作用，GFP得以表达并标记纯合突变的克隆细胞。

第18章

果蝇与进化

果蝇是昆虫纲双翅目果蝇科（Drosophilidae）物种的统称。目前已知的果蝇超过4 000个物种，大约在4 000万年之前由同一个祖先物种演化而来。果蝇物种广泛分布于世界各地，主要在温带和热带地区，以酵母、树汁、真菌和花蜜等为食，常在腐烂的水果、蘑菇和一些植物的花上被发现。丰富的物种资源和复杂多样的生活史特征，使得果蝇成为研究生物演化非常好的系统。

走出非洲

果蝇属下的黑腹果蝇（*Drosophila melanogaster*）是人们了解最深入的物种之一。它原产于非洲中南部近赤道地区，大约在300万年前与其姐妹物种拟果蝇（*Drosophila simulans*）分开。在漫长的演化过程中，黑腹果蝇逐渐从适应野外生活转变为与人类伴生，并跟随人类的脚步扩散到世界各地。它们大约在1.5万年前从非洲到达欧洲，大约在2 500年前到达东南亚，在近200年才到达美洲和澳大利亚。

虽然黑腹果蝇跟人类生活在一起可能已有数万年历史，但是直到1830年，德国昆虫学家麦根（J. W. Meigen）才第一次予以发现和命名。仔细算起来，人们对这一物种的认识也不过200年。

133

百年果蝇

黑腹果蝇是如何获得生物学家垂青的呢？

1875年，美国昆虫学家林特纳（J. A. Lintner）发现黑腹果蝇出现在美国纽约州，这是美洲大陆第一次记录到黑腹果蝇。在黑腹果蝇被发现于美洲的二十几年后，哈佛大学昆虫学家吴伟士（C. W. Woodworth）第一次把果蝇运用到生物学研究中，并向其同事推荐这种生长迅速、饲养方便的昆虫。同一时期，哈佛大学的卡斯尔（W. Castle）和卢茨（F. Lutz）也开始饲养并研究黑腹果蝇。1908年，摩尔根从卢茨那里获得了黑腹果蝇，在哥伦比亚大学用牛奶瓶开始养起了果蝇。

在20世纪初，遗传学领域发生了3件重要的事情：一是孟德尔（G. J. Mendel）的遗传学定律被重新发现；二是生物学家发现了染色体与个体表型的联系；三是荷兰植物学家德弗里斯（H. de Vries）提出了物种形成的突变理论，认为新的物种是由于作用强烈的变异而突然产生的。

摩尔根当时对孟德尔遗传定律持怀疑态度，他认为孟德尔定律不能解释性别比例是1：1的现象，他也不认同达尔文关于物种形成的渐变学说。他想要用果蝇验证物种形成的突变理论，结果养了两年果蝇，并没有观察到新物种的诞生，不过他和他的学生发现了一只白眼雄蝇。而就是这一只白眼果蝇，开创了遗传学研究的新纪元。

摩尔根把这只白眼雄果蝇和红眼雌果蝇杂交，发现子一代都是红眼；在子一代近交的后代中，出现了白眼果蝇，但全都是雄性。这让人诧异的结果，使摩尔根意识到孟德尔的遗传学理论是正确的。他认为，导致白眼的基因存在于X染色体上，相对于红眼基因是隐性，只有这样才能解释观察到的结果。

摩尔根实验室的进一步研究还揭示了基因连锁和染色体交叉互换的现象。摩尔根的发现为达尔文和孟德尔的演化与遗传理论提供了重要的细胞学基础，果蝇也因此成为遗传学和发育生物学研究中重要的模式生物之一。

群体遗传

生物演化的现代综合论，把演化的实质看作是种群中等位基因频率的改变。

关于种群基因频率变化的理论研究工作，已经在20世纪30年代左右由群体遗传学的三驾马车费希尔（R. A. Fisher）、赖特（Sewall Wright）和霍尔丹（J. B. S. Haldane）基本完成。

但是生物学家难以测量自然种群中存在的遗传变异，因为在那个年代，人们连遗传物质是什么都还不知道，更不要谈蛋白质测序和DNA测序技术了。在这种情况下，果蝇唾液腺染色体为人们理解自然种群中存在的遗传变异，作出了很大贡献。唾液腺染色体是果蝇三龄幼虫唾腺细胞中的巨大染色体，经过简单的染色和压片，人们可以在显微镜下看到果蝇唾液腺染色体上深浅、疏密程度不同的条纹。

摩尔根的博士后多布然斯基（T. Dobzhansky）通过果蝇的唾液腺染色体，观察染色体插入、缺失和倒位等结构变化，来测量存在于自然种群中的遗传变异。在其1937年出版的《遗传学和物种起源》（*Genetics and the Origin of Species*）一书中，他报道了拟暗果蝇（*Drosophila pseudoobscura*）自然种群中的染色体倒位的频率，随着地点和季节而发生变化。他认为，这些种群中频率随地理位置和季节而变化的染色体结构变异，是由自然选择维持的。多布然斯基的工作第一次把群体遗传学理论与自然群体真实的演化过程联系到了一起。

1966年，路翁亭（R. Lewontin）和约翰·哈比（J. Hubby）用等位酶技术研究了美洲地区拟暗果蝇的十多个基因位点的多态性，发现该物种的遗传多样性出乎意料地高。他们指出，如果这些遗传多样性都是由自然选择来维持的话，群体将会有难以接受的遗传负担。这一突破性的工作为后来木村资生（M. Kimura）提出分子演化的中性理论打下了基础。

1983年，克莱德曼（M. Kreitman）利用DNA测序技术，分析了11个黑腹果蝇品系的乙醇脱氢酶的DNA序列。他发现，在乙醇脱氢酶基因存在的总共43个多态性位点中，只有1个是引起氨基酸变化的，其余全是DNA水平上的沉默突变。这是真正意义上首次测量到群体的基因型。

克莱德曼发现，以前的研究对种群的遗传多样性是大大低估了，因为等位酶技术检测不到大量的不造成氨基酸改变的变异。他还从可变位点的分布，推测出大部分造成氨基酸改变的变异，是被自然选择清除的。

自然选择

演化生物学的一个重要主题，是研究自然选择在物种进化中的作用。达尔文理论认为，自然选择是生物演化的重要动力。在生存竞争中，对环境更为适应的个体产生更多的后代，不适应环境的个体则慢慢被淘汰。

然而，演化的过程是十分漫长的，要亲眼见证演化发生相当困难。果蝇的世代时间短，有效种群数大，相比于遗传漂变，自然选择能够更有力地影响演化的过程。以果蝇为系统来研究自然选择的工作，很大程度上促进了我们对自然选择的理解。

1991年，麦克唐纳（J. H. McDonald）和克莱德曼在研究不同果蝇物种的乙醇脱氢酶时，开发了McDonald-Kreitman检测（MKT）来检测自然选择。这个方法的原理是：在中性演化下，物种内具多态性的同义替换和非同义替换数量的比值，应该与物种间固定下来的同义替换和非同义替换数量的比值相同，而正选择会使更多的非同义替换被固定下来。

果蝇的乙醇脱氢酶能够将酵母无氧呼吸产生的具有毒害作用的乙醇，代谢为无毒的乙酸，这对其生存非常重要。他们用MKT方法检验发现，乙醇脱氢酶中的很多非同义替换，受到正选择作用，在不同的果蝇物种中被固定下来。由于MKT检验方法对正选择具有很高的检验效力，这种方法被广泛运用到其他研究当中。

2002年，芝加哥大学科学家用MKT方法检验了黑腹果蝇的45个基因，他们发现大约25%的基因是受到正选择的。

演化大峡谷

果蝇的研究还为自然选择提供了很多生动的例子。一个典型例子是以色列的演化大峡谷。位于以色列北部迦密山的演化大峡谷，南北两面的山坡在底部只相距100米，在最高处相距400米。虽然南北坡的地理距离很近，但是两面山坡的环境差异巨大：南坡光照充足，温暖干燥；北坡则阴凉湿润，植被丰富。

南北坡生活的同一物种的不同种群，在环境压力下向不同的方向演化。

　　研究人员发现，在南坡采到的果蝇和在北坡采到的果蝇，在选择产卵地点时对温度的偏好不同，在高温处理下的存活率和寿命不同，对干旱脱水的耐受能力也不同。事实上，黑腹果蝇很容易在南北两坡之间迁移，这2个群体间有充分的基因交流。与环境适应相关的基因的差异，在自然选择的作用下被维持下来。其他的区域在频繁的基因交流之下差异很小。

　　通过比较南北两坡黑腹果蝇的基因组，研究人员发现了572个高度分化的基因，这些基因大多与刺激响应、发育过程和繁殖过程相关。从这些与环境适应相关的基因中，研究人员也检测到了正选择的信号。

　　对果蝇的演化研究，常常帮助我们理解其他动物以及人类自身对环境的适应机制，因为约75%的人类致病基因，能够在果蝇中被找到，而50%的果蝇蛋白质，在哺乳动物中存在同系物。2015年，阿希什·贾（Aashish R. Jha）等人发现，黑腹果蝇中低氧适应相关基因的直系同源基因，在夏尔巴人、西藏人、埃塞俄比亚人和安第斯山人这些高原人群中也存在正选择信号。

物种起源

　　演化生物学中另一个重要的问题是物种如何形成。

　　早期的学者对于物种的定义很模糊，在交流中存在很大问题。20世纪30年代，多布然斯基受到果蝇研究的启发，首先提出生殖隔离导致物种的形成。1942年，迈尔（E. Mayr）正式提出生物学物种的概念，在定义中把是否存在生殖隔离作为区分物种的主要依据。这一定义一直被沿用至今。20世纪80年代，芝加哥大学的杰里·柯尼（J. A. Coyne）和奥尔（H. A. Orr）系统地研究了很多果蝇物种之间存在的生殖隔离。他们让不同物种的果蝇互相杂交，观察雌性果蝇在选择交配对象时的倾向（选型交配），以及杂交后代的存活率和生殖能力。他们发现，遗传距离较远的物种在杂交时选型交配的情况更多，后代存活能力和繁殖能力下降得更厉害。杂交的劣势几乎总是首先出现在雄性后代中。分布上重叠的一对物种，会更快地演化出生殖隔离。

在这样的背景下，不少与生殖隔离有关的基因，也在果蝇中得到报道。芝加哥大学吴仲义教授研究组发现了首个与果蝇生殖隔离有关的基因 *Odysseus (OdsH)*，它位于X染色体上，含有一个同源异型结构域。在正常情况下，*OdsH* 能够微弱地促进年轻雄性果蝇产生精子。同源异型结构域是识别和结合DNA序列并调控基因表达的重要元件。通常它的氨基酸序列是非常保守的，但多个物种 *OdsH* 序列的比对结果表明，这个基因在拟果蝇及其近缘种毛里求斯果蝇（*Drosophila mauritiana*）这一支上演化得非常快。敲除 *OdsH* 不会有明显的表型，但通过杂交把毛里求斯果蝇的 *OdsH* 引入拟果蝇的遗传背景中，会造成后代雄性不育。

后来的研究发现，毛里求斯果蝇的OdsH蛋白获得了在拟果蝇的睾丸中表达，并与Y染色体上的异染色质区域结合的能力。拟果蝇的 *OdsH* 基因可能扰乱了杂种精子发生过程中的基因表达，而造成雄性不育。

新基因的诞生

果蝇研究在阐释新基因的形成和演化方面也成果颇丰。

摩尔根的学生斯特蒂文特（A. Sturtevant）最早发现了黑腹果蝇中一个通过复制形成的新基因——*Bar*。随后，摩尔根的另一名学生马勒（H. J. Muller）提出了第一个新基因演化的模型。他认为，正如每一个新物种都起源于一个老物种，每一个新基因都起源于一个老基因，而主要的方式就是复制。1978年，吉尔伯特（W. Gilbert）提出新基因不一定要通过复制产生，也可以通过不同基因的部分组合到一起而形成。1993年，龙漫远博士发现了果蝇中一个通过嵌合形成的新基因——精卫（*jgw*），为吉尔伯特的理论提供了证据，开辟了基因起源与演化研究的新天地。

展望

果蝇研究有着悠久的历史和强大的工具箱。相信在未来很多年内，果蝇都还会是演化生物学研究中最重要的模式生物之一。

　　在不断发展的高通量测序技术帮助下，研究者们已经开始把目光从实验室的果蝇，转移到自然状态下的果蝇身上，探究在自然这个最大的实验室中，正发生着什么令人叹为观止的演化事件。2016年，威斯康星大学的普尔（J. Pool）实验室整理并发布了来源于世界各地野生黑腹果蝇种群的 1 121 个基因组。

　　相信在不久的将来，我们会对野外的果蝇种群如何适应复杂多变的自然环境，经历了怎样的种群历史，以及新的果蝇物种如何形成，取得更深入的了解。

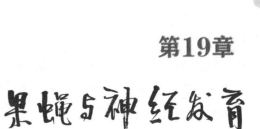

第19章

果蝇与神经发育

1925年，瑞士动物学家马泰（R. Mattey）在法国巴黎生物学年会上介绍了一个在当时颇为引起轰动的研究结果。他发现，成年两栖类动物蝾螈的视神经被切断后，经过一段时间，蝾螈的视觉能够恢复到正常。在此之前人们已经知道，哺乳动物的神经元轴突缺乏再生能力，导致中枢神经系统受到机械损伤后很难恢复。而蝾螈的神经元轴突能够重新生长，这已经是出乎意料了。还不但如此，蝾螈视觉的恢复，意味着轴突受损后不仅仅是简单地生长，而且视网膜神经元的轴突能够在眼睛与大脑之间建立极其复杂而且精确的神经网络和神经连接，完成视觉活动。这就更加让大家觉得不可思议了！

蝾螈的眼睛

马泰后来继续设计了一系列巧妙的实验，结果都证实了最初的发现。对于如何解释这一发现，当时有两派观点。

一派认为，蝾螈神经元之间重新建立的连接，是通过学习的过程来实现的。根据这个理论，被切断的神经再生出新的神经束，这些神经束分支、延伸到大脑后，动物通过学习来利用已经形成的正确的连接，而那些无用的连接因为没有被使用而最终消失。

另一种观点认为，每个神经束实际上是具有特异性的，它们能够自行到达大脑的特定区域，然后形成连接。这个观点暗示了每个视神经束和与之所匹配的大脑视觉区的神经元之间，存在某种亲和性，并且这种亲和性很有可能是化学类的。

但是，大多数学者对于成千上万的神经束中每一个神经束都具有不同的特征这样一个想法，认为太过离奇，因而普遍地不予接受。

化学亲和假说

有关马泰实验所引出的问题，最终由美国加州理工学院斯佩里（R. Sperry）的经典实验作出了回答。

斯佩里将蝾螈的眼球旋转倒置180度，然后观察做过手术的蝾螈的视觉反应。实验结果非常清楚，蝾螈的视觉也呈现倒置反转。当诱饵放在实验蝾螈头部上方时，蝾螈则开始刨动脚下的石子；诱饵在前方的时候，蝾螈把头转向身后。

实验中，蝾螈并没有随着时间的推移而开始正确地寻找诱饵，即使经过两年的时间。这个实验清楚地表明，蝾螈并没有重新学会正常地看见物体。

在第二个实验中，和前一实验相同，蝾螈的眼球被旋转倒置，但视神经被切断。一个月后，视神经开始再生，与前次一样，蝾螈看见的物体仍旧是颠倒的。

通过以上这些和其他的实验，斯佩里否定了视觉恢复是通过学习获得，认为受损后的视神经再生时，仍然能够生长到未受损时视神经所到达的脑区，仿佛视神经可以读懂脑区上的"地图"，不管出发的位置是否有变化，最终总能够找到目的地。1963年，斯佩里在《美国科学院院刊》上发表了一篇具有深远影响的论文，该文首次提出了"化学亲和"假说（chemoaffinity hypothesis）。用现在的术语来重述"化学亲和"假说，即不同神经束表面所携带的化学分子不同，这些差异使得神经束生长的路径不同，以及神经束到达靶区后所选择建立突触连接的靶细胞不同。换言之，神经元轴突表面所携带的化学分子，与靶区神经元表面的化学分子，具有一定的"亲和性"，轴突才能与特定的靶细胞建立突触连接，最终组装成神经环路。

一个基因可以编码多少蛋白质?

斯佩里提出的"化学亲和"假说,为极其复杂的神经网络的构建,绘出了一幅蓝图。随后出现的基因工程技术,极大地推动了神经生物学的发展。一些在神经元轴突导向和寻靶中发挥重要功能的细胞表面分子,相继被发现与克隆。这其中有 Netrin 配体和 DCC 受体、Slit 配体和 Robo 受体、Ephrin 配体和 Eph 受体等。这类细胞表面分子的发现,似乎进一步验证了"化学亲和"假说。

挑战性的问题在于,考虑到神经网络的复杂程度,虽然这些配体-受体通过组合方式来决定轴突的生长和靶细胞的寻找,但组合方式的数目仍然非常有限,并不能使每个神经元的轴突有别于其他的轴突,这究竟意味着"化学亲和"假说本身并不足以解释神经元与神经元之间连接的特异性,还是大量的具有重要功能的细胞表面分子尚未被发现呢?

2000 年,《细胞》杂志报道了美国加州大学洛杉矶分校齐普尔斯基(L. Zipursky)和他同事们通过生物化学的方法,发现果蝇的一个新细胞表面受体 Dscam,并且 Dscam 在胚胎期神经元轴突的导向生长中发挥着重要的功能。

这篇文章最大的亮点是发现果蝇 Dscam 通过 mRNA 后加工阶段的选择性剪接,可以产生上万种剪接变体。也就是说,*Dscam* 一个基因能够表达上万种不同的蛋白质分子!选择性剪接主要发生在编码 Dscam 细胞膜外区域的外显子 4、6 和 9。其中,外显子 4 有 12 种可供剪接的变体,外显子 6 有 48 种,外显子 9 则有 33 种。除了编码胞外区的外显子有选择性剪接,跨膜区和胞内区分别还有 2 种和 4 种异构体。

因此,Dscam 基因理论上可以表达 $12 \times 48 \times 33 \times 2 \times 4 = 152\ 064$ 种不同的 Dscam 分子,仅细胞外区不同的异构体就多达 19 008 种。

神奇的 Dscam

看到这里,有些读者可能会想到以下的一系列问题:果蝇 Dscam 的分子多样性有什么功能?果蝇是否真正需要那么多的 Dscam 异构体? Dscam 有上万种不同的细胞外区异构体，结合我们之前提到的"化学亲和"假说，Dscam是不是那个"众里寻她千百度"，决定神经元轴突和靶细胞亲和性的细胞表面分子呢？经过十多年有关Dscam功能以及分子多样性的深入研究，这些问题的答案逐渐清晰。

阐明Dscam分子多样性的功能，需要了解Dscam在每个神经元中的表达情况以及Dscam的配体是什么样的蛋白质。由于技术的限制，目前还不知道单个神经元中有多少异构体表达的准确数目。通过一些间接的实验方法和估算，认为每个神经元表达10～50种异构体。可以确定的是，Dscam的mRNA的剪接呈现随机性，神经元在不同发育阶段所表达的异构体也是不相同的。由于Dscam1异构体数目庞大，每个神经元仅随机表达很少的一部分，因此不同的神经元携带Dscam异构体的种类，绝大部分不会相同。

换个角度来看，任何两个神经元不会出现完全相同的异构体组合方式，每个神经元的异构体种类信息，对应于一个特定的"标签"，故而这个"标签"可以用来区分每个神经元。Dscam分子的胞外区有一些执行"识别"功能的结构域，比如Ig和FN3结构域。

具有"识别"功能结构域的分子，通常能和相同的分子结合，称为嗜同型结合。Dscam也能够嗜同型结合，所以Dscam既是受体分子，也是配体分子。但Dscam的嗜同型结合具有高度的特异性，异构体A只能与异构体A产生较强的结合，而与其他的异构体不能结合，或者结合较弱。

树一样的突起

果蝇幼虫躯干的外周神经元的树突通常有许多分支，形状像一张伸展开的大网。树突的这些姐妹分支之间"自我避免"，不互相交叉，均匀地覆盖于需要采集信息的表皮区域。

通过一系列的研究，目前认为Dscam的分子多样性在神经元识别"自我"和"非我"，以及神经元树突/轴突姐妹分支的自我避免中发挥着重要的作用。同一神经元姐妹支上相同的异构体会互相结合，结合后产生排斥效应，引起姐妹分支的细胞骨架发生变化，从而不互相交叉；而相邻的两个神经元由于携带的异构体不同，便不会结合和产生排斥效应，于是它们的姐妹分支有很大程度的互相交叉。当相邻的两个神经元 A 和 B 过度表达同一种 Dscam 异构体时，神经元 A 的树突分支上的 Dscam 会与神经元 B 的树突分支上的 Dscam 结合，并排斥同神经元树突分支上的 Dscam，导致原本相互交叉的分支互相避免。简而言之，来自同一神经元的树突分支互相避免，而不同神经元的树突分支之间则不会互相避免。在果蝇大脑蘑菇体神经元的轴突分支形成中，Dscam 的分子多样性发挥着类似的功能。

由此可见，"自我"神经元的分支之间相互避免，"非我"神经元的分支之间则不会"自我避免"。而当 Dscam 分子多样性减少到只有几百个或更少时，拥有同一个"标签"的神经元数目会大量增加，神经元便会错误地把原本"非我"的树突/轴突认作是"自我"的树突/轴突，这就导致相邻神经元之间产生过多的排斥效应，影响神经网络的形成。

展望

斯佩里设想的轴突和靶细胞所携带的标签，可以形象地比喻为"钥匙"与"锁"的关系。只有完全匹配的标签之间，才能建立突触连接。Dscam 提供的独特的分子"标签"是否可能也具有这种功能呢？

前面部分曾介绍过，Dscam 选择性剪接的随机性，致使每个神经元所携带的异构体种类也是随机的。所以，很难设想会存在一种机制，它能使随机产生的每个神经元和靶细胞的标签，总是会像"钥匙"与"锁"那样精确地匹配。

通过上面的介绍我们可以看到，斯佩里最初所设想的化学标签分子在单个神经元水平上确实存在，但它的主要作用是自我识别，区分"自我"和"非我"神经元，与斯佩里所预期的功能完全不同！

第20章

果蝇与感染

中医有所谓"外感风邪"。"风"是指气候变化对机体的刺激，"邪"常指不明外源对机体的侵染。古人将两者视为外感病的主要成因。前者不传染；而后者多称为"瘟"或"疫"，可传染。

可见，虽然古代中医缺少现代生物学的知识作为后盾，但对"外邪"可入侵机体并致病的道理早有认识，这比同时代还处在"驱魔"探索中的西方早了上千年。

感染

现代感染（infection）一词，起源于14世纪40年代的拉丁语"inficere"，意为"空气或水中的物质介导的疾病传播"。随着生物医学的发展，感染已被明确为细菌、病毒、真菌、寄生虫或其毒性产物等病原物质侵入生物体内的过程，并多伴随红、肿、热、痛等炎症的发生。它可以是局部的，如咽炎；也可以是全身系统性的，如败血症。

在进化上，感染是一种非常古老的生物过程，源于病原与宿主对资源的竞争从未停歇，始终保持着对生命体自然选择的压力。而为了抵抗感染，生命体也自然演化出同样古老的先天免疫系统，作为机体的第一道免疫防线。于是，从植物到包括人类在内的动物，保留有同源性极高的先天免疫体系，也就毫不意外了。可以说，感染的多样性，催化了生命体免疫防御机制的逐渐完备。

果蝇的抗菌肽

昆虫占据了动物种类的80%。腐败、潮湿的环境，使它们更容易受外界病原微生物的感染。而数量庞大，产卵率高，生命周期短的特性，似乎又让它们失去了进化出获得性免疫系统的必要。所以，从大约10亿年前到今天，昆虫留存了最为完备和最为强大的多层次先天免疫系统。

相对于脊椎动物模型在解析病原-宿主之间相互关系上的局限性，果蝇作为昆虫中动物模型的杰出代表，以研究技术上强大的遗传操作、便捷的规模筛选和它与人类十分保守的先天免疫机制，自然又一次成为构建感染模型的理想模式生物。果蝇喜食腐烂的水果，存活于温带及热带地区，足见其先天免疫能力之强大，因为若是进化上更高等的动物，长期处在如此的环境与饮食条件下，反而容易感染。

果蝇免疫学研究的重大突破始于1972年，博曼（H. Boman）和他的同事们发现，细菌感染后的果蝇能够在体内产生一种具有杀菌功效的物质。虽然他们在当时没能鉴定出这类物质，但由此开启了将果蝇作为模式生物，研究感染与免疫的时代。随后经过二十几年的努力，来自斯特拉斯堡大学的霍夫曼团队首次成功地分离出该物质，证实其在体内外都具有抑菌作用，并将这类免疫功能蛋白质称为抗菌肽（antimicrobial peptide, AMP）。

1996年，布鲁诺（L. Bruno）在霍夫曼实验室观察到，真菌通过体表或口器被果蝇摄入而引起感染，可以在部分突变果蝇身上大量增殖。他拍摄了果蝇感染研究中最为经典的一张电镜照片。随后，他们团队确定了影响背腹轴发育的保守基因 Toll，同样介导了一整条先天免疫信号通路，可调控抗菌肽的表达，从而掀起了大家对先天免疫机制的研究热潮。霍夫曼也因为对果蝇抵抗病原感染的天然免疫信号通路——Toll信号通路的发现，以及该发现对哺乳动物免疫信号通路的巨大启示作用，而获得了2011年的诺贝尔生理学或医学奖。

果蝇感染模型

按感染方式，果蝇的感染模型大致可分为：穿刺/显微注射感染；口服感染；体表接触感染。按病原分，则有：细菌（病原菌/共生菌）感染；真菌感染；病毒感染；寄生感染。按感染部位的不同，又可分为胸部感染和腹部感染等。多样而又广泛的感染体系，赋予了果蝇广泛研究微生物与宿主相互作用的巨大研究价值。

自然界中的动物极易受到尖利物体（如植物茎叶上的刺）的刺伤，致使体液与外界微生物直接接触，导致局部感染，甚至经血液引发系统性感染。因此，穿刺感染是较为常见的感染方式。科学家多使用锋利的钨丝针蘸取，或采用毛细玻璃针定量地吸取微生物悬液，刺穿果蝇的外骨骼，将病原微生物注入果蝇的肌肉或体腔。由于果蝇的体液系统是开放循环式的，体腔感染也称为血液感染或系统性感染。

这种穿刺感染，一方面可以放大微生物的免疫刺激信号和毒力作用，另一方面可用以直接研究微生物与体液的相互作用，使人们能够更清晰地观察微生物对机体的影响，解决在人类中不好模拟的很多感染问题。

果蝇穿刺感染帮助解析通过伤口传播的人类致死性革兰氏阴性菌——绿脓杆菌（*Pseudomonas aeruginosa*）的毒力因子，发现促凋亡信号通路对引发人类严重腹泻的高致病性菌——鼠伤寒沙门氏菌（*Salmonella Typhimurium*）的控制作用。而引发人类肺炎的金黄色葡萄球菌（*Staphylococcus aureus*）常被用于果蝇穿刺感染，来研究血细胞的吞噬功能。还有，产单核细胞李斯特菌（*Listeria monocytogenes*）是可以造成人类流感样症状及肠炎的革兰氏阳性菌，也是研究宿主与胞内菌相互作用的经典微生物。在果蝇中的研究也揭示了自噬和吞噬作用可以有效地抑制胞内菌传播的机制。

"吃"是生物体无法回避的问题，因此伴随饮食而引起的消化系统感染，是自然界最为常见的感染情况。

科学家将微生物与糖味食物混合，通过诱导果蝇摄食而使微生物进入消化道，从而完成口服感染模型的构建。人类和果蝇大多处在同样的自然环境之中，许多感染人类消化系统的微生物，也能感染果蝇，而且人的肠上皮结构和主要发育信号与果蝇十分相似。所以，果蝇的口服感染模型不仅回答了人类消化道感染的大量先天免疫问题，而且促进了肠道干细胞在感染条件下介导组织修复的研究。

果蝇的口服感染模型很好地模拟了可通过饮食传播引发人类严重腹泻并危及生命的革兰氏阴性菌——霍乱弧菌（*Vibrio cholerae*）的疾病特征和生理应答。由此模型发现了沙雷氏菌（*Serratia marcescens*）不仅可以破坏肠上皮细胞，导致人类肠炎甚至死亡，还可以诱导肠上皮细胞恶性增殖而形成肿瘤。通过研究果蝇和人类感染效果高度一致的肠道共生菌——粪肠球菌（*Enterococcus faecalis*），科学家深入阐述了共生菌群的群体感应现象，即某些共生菌在肠道菌群紊乱时，会失控扩增，从而表达出只在大量增殖时才能产生的高毒力因子，最终转变为破坏肠上皮结构并引发强烈肠炎的有害菌。

果蝇体表接触感染模型多见于真菌感染研究。例如，前文提到的烟曲霉菌，揭示了Toll介导的保守的先天免疫信号通路。白色念珠菌（*Candida albicans*）则让科学家发现了可降解细胞间黏附因子的酶，明白了病原如何破坏组织结构并扩散至全身的感染机理。

寄生蜂（*Leptopilina boulardi*）可通过尾针将卵产在果蝇的幼虫中，造成寄生感染。在该感染模型中，人们发现了寄生体如何通过改变宿主血细胞的性状

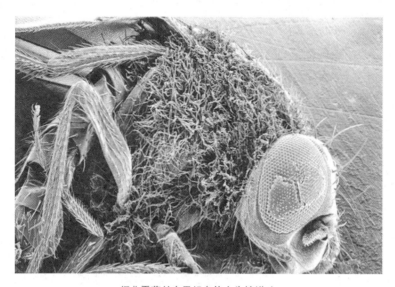

烟曲霉菌丝在果蝇身体上失控增殖

［引自 Lemaitre B, Nicolas E, Michaut L, et al. The dorsoventral regulatory gene cassette spatzle/Toll/cactus controls the potent antifungal response in *Drosophila* adults. Cell, 1996, 86: 973–983］

来逃离被包埋的奥秘。

此外，果蝇细胞也能体外培养，直接用于感染的生化机理研究。

果蝇感染的启示

从20世纪70年代起，各类果蝇感染模型的发展极大地推动了"病原微生物-宿主"相互关系的研究，取得了大量令人瞩目的成就，极大地推动了人们对相关疾病治疗方案的探索。

就对人类免疫与疾病的启示来说，首先，果蝇感染模型完善了人类对先天免疫调控层次和机制的认识（参见其他章节）；第二，模拟了很多不易在人类中开展的病原感染，如前文描述的病原性细菌感染；第三，鉴于果蝇在进化上的分类与蚊子十分接近，以及果蝇的免疫系统、生理习性与蚊子有较强的保守性，果蝇感染模型提供了研究虫媒病毒传播的良好平台，如大家熟知的登革病毒（*Dengue virus*）、辛德毕斯病毒（*Sindbis virus*）、西尼罗河病毒（*West Nile virus*）等由蚊虫传播的人畜共患病病毒，都可以在果蝇上进行感染模拟。

此外，昆虫共生菌沃尔巴赫氏菌（*Wolbachia*）可以帮助宿主抵抗RNA病毒的感染，同时存在的胞质不亲和现象（即沃尔巴赫氏菌阳性的雄性与阴性的雌性所产生的后代致死），最早都在果蝇中得到深入验证。再则，利用雌性蚊子交配产卵后很快死去，而雄性蚊子可多次交配的特点，科学家将该发现推广到蚊子的控制。他们将接种该细菌的雄性蚊子放归野外，促使野外不含沃尔巴赫氏菌的雌性蚊子既产卵后死亡、又不能产出存活的后代，从而有效地控制蚊子的传播。同时，该细菌还可以抑制蚊子中所携带的部分病毒的复制，这一发现直接促进了现今"蚊子工厂"的建立。

展望

还有些人类病毒因果蝇缺乏受体而不能感染。科学家通过分子生物学和遗传学方法，对病毒或果蝇进行改造，使病毒带有识别果蝇细胞表面受体的组件，或使果蝇直接表达病毒蛋白质，从中加以筛选研究。前者如大名鼎鼎的H5N1和H1N1流感病毒A，后者如可表达SARS病毒3a蛋白或乙肝X蛋白的转基因果蝇。同时，果蝇研究中优越的遗传操作系统，也为人类研究感染与代谢、衰老、生理病理等其他反应之间的关系，提供了卓越的平台。总之，果蝇感染模型为人类深入研究先天免疫机制，了解病原微生物致病原理，提供了可预期的良好契机。

假以时日，如果人人都可以拥有像果蝇那样强大的先天免疫生存能力，是否可以极大地改善人类的健康质量，并延长寿命呢？或许至少可以使2岁以下的幼儿避免由多种感染造成夭折，因为他们抗感染主要依赖先天免疫系统，尚缺少健全的获得性免疫系统。

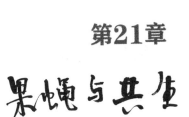

第21章

果蝇与共生

生命科学最迷人之处，在于生命世界丰富多彩、瑰丽绚烂，而又充满着神秘。就算是微小生命体，也都蕴藏着无穷的奥秘。其中"共生"是一种非常简单又非常神奇的自然现象，成为自然界和谐的幕后指挥者。

美国微生物学家马古利斯（L. Margulis）说："大自然的本性厌恶任何生物独占世界，所以地球上绝对不会有单独存在的生物。"他深信共生是生物演化的原动力。

共生（symbiosis）一词的希腊文原义为"共同生存"，指两种生物彼此生存在一起，形成紧密的互利关系。

热爱烂苹果的果蝇

果蝇在自然界主要采食腐烂水果，并且在上面繁殖后代，进行繁衍生息。这些腐烂水果里面包含了丰富的微生物，包括真菌、细菌、病毒等，果蝇就会与许多种微生物建立起共生关系。

或许你不禁会问，为什么果蝇不和我们一样喜欢新鲜水果呢？这些微生物会让果蝇生病吗？果蝇离开这些微生物能够生存吗？怎么用果蝇模型研究宿主与微生物之间的共生关系呢？

这里逐一向您解开谜团。

神奇的吸露者

　　出于自我保护，植物果实未成熟时果肉组织坚硬，糖含量少，并且会产生有毒的次生代谢物。因此，除少数果蝇之外，绝大多数果蝇不以未成熟果实为食。而随着果实的成熟，果体变软，糖分含量增加，有毒物去除，这些水果逐渐变成大多数动物的美食。可是果蝇却不大喜欢，为什么呢？因为成熟水果含糖量丰富，但是蛋白质匮乏，对果蝇来说，这些新鲜水果其实是营养不均衡的食物。

　　幸运的是，微生物过来做帮手了。恐怕细菌自己也未能料到，它的出场帮了果蝇一个大忙！原来，新鲜水果也容易成为微生物的饕餮大餐。微生物对营养要求低，能充分利用自身基因组，消耗水果中丰富的糖分，合成菌体蛋白质等营养物质，同时产生有机酸，如乙酸、乳酸等，改变水果的味道，也就是让水果发生腐烂。这些烂水果不能被人食用，却成为果蝇的佳肴，是果蝇营养更均衡的食物。果蝇吸食这些汁液，连同微生物一起吞进肚子里，可以很好地满足自己生长和发育的需求。通常来说，这些发酵微生物不但不会致病，而且是果蝇生长和发育所必需的。

　　反之，要是在无菌的条件下，果蝇幼虫无法在成熟葡萄上生长和发育。可怜的幼虫面对"清洁美食"竟无能为力，最后悲惨地"挂掉"自己小命。所以，果蝇的种群繁衍是万万不能离开这些看似不起眼的微生物的！

　　那么我们人类为什么可以吃新鲜水果呢？因为人的肠道长，体积大，里面居住着大量微生物。与体外微生物的作用类似，它们可以在肠道内"加工"新

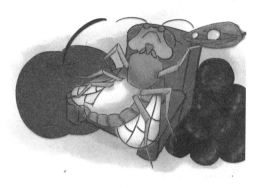

"消受不起"新鲜水果的果蝇（夏凡 图）

鲜水果。这些加工好了的水果，才能更好地被人体所消化和吸收。

快乐的邮递员

上面谈了微生物帮助果蝇，那么果蝇在自然界又是如何帮助细菌的呢？

细菌在水果里快速繁殖，到一定程度就出现细菌密度过高，营养殆尽，这样将不再利于它们的增殖，因此它们需要转移到新地方，这时候就需要果蝇来帮忙。微生物通过次生代谢而产生特殊的气味和味道，以吸引果蝇前来采食。果蝇体表有许多体毛，可以携带微生物到新地点，从而扩大微生物的繁殖领地。这样，果蝇与微生物之间就形成了密切的共生关系，在自然界中协同进化。

自从腔肠动物在自然界出现之后，微生物就成为其体内的不速之客。微生物和宿主相互适应，共同进化，形成一个复杂的共生体。

粪球里的宝贝

目前，仅在人肠道内就已经鉴定出上千种细菌，其数量高达10^{14}。人体中的细菌细胞数量十多倍于人体细胞，其编码基因数目百多倍于人基因组，足以说明微生物组*具有惊人的多态性和复杂性。

醋杆菌属（*Acetobacter*）与乳杆菌属（*Lactobacillus*）是实验室饲养果蝇的优势菌群。超过3 000种果蝇居住在南极洲之外各大洲，野外生活的果蝇肠道菌种类比实验室饲养的果蝇要多。除了上述2个菌属之外，常见的还有肠球菌属、葡糖杆菌属、肠杆菌属等，所以果蝇共生菌也具有多态性和复杂性。

果蝇卵内部胚胎在产卵8小时内不受外界微生物污染，果蝇肠道内共生菌随世代延续而持续存在。那么，它们如何在亲子代之间以及不同发育时期果蝇之

---

* 微生物组：指作为生命科学尤其分子生物学研究对象的微生物基因组及其周围环境的全部。微生物组学通过基因组学方法研究人和动物体内或体表微生物群结构变化与宿主之间关系。

间发生传递呢？

卵壳表面常常沾有来自成虫粪便的共生菌。巴库拉（M. Bakula）用亚甲基蓝从外部染色果蝇卵。在孵化的一小时内，在一龄幼虫肠道中检测到蓝色染料，说明果蝇幼虫会吞食胚胎绒毛膜，从而获取细菌。随着从外界环境中摄食量增加，肠道细菌密度随幼虫日龄增加而不断增加，至三龄幼虫期达到顶峰，继而在蛹化后又发生显著下降。这可能与蛹期不再从外界摄入食物有关，也可能是此阶段一些抗菌肽的表达增加，暂时抑制了细菌的增殖。

刚羽化成虫果蝇体色浅，腹部透明，右腹侧部有一黑斑。这个黑斑可视为果蝇的胎粪，其实是一个天然的菌库，可将蛹所携带的共生菌传递给成虫。成虫可以通过排泄物或者体毛，将共生菌传递给子代，从而实现共生菌在亲子代之间的垂直传递。

肠道微生态

共生菌除了在果蝇不同发育阶段有所不同之外，在不同龄成虫之间也有差异。随着果蝇衰老，其体内细菌数量逐步增加，并且优势菌由乳酸菌转变为醋酸杆菌。此外，饮食、宿主行为、环境因子也会在一定程度上影响果蝇肠道菌群的数量和组成。DNA高通量测序技术揭示了肠道菌群的多样性、复杂性和可塑性，使肠道微生态成为研究热点之一。然而，我们对肠道菌调节宿主生理和病理的分子机制仍然不清楚，这日益成为制约肠道微生态发展的瓶颈。

果蝇是经典的遗传学模式生物，前人多用于研究果蝇对病原体的先天免疫应答，但是最近，研究者开始利用果蝇模型，研究它与共生微生物之间有益的相互作用。为什么果蝇是一个优秀的无菌和悉生动物*模型呢？首先，果蝇体外排卵，可以收集胚胎，并且胚胎外面包裹着一层几丁质，能抵御一定的物理和

---

* 无菌（germ-free）动物和悉生（gnotobiotic）动物：无菌动物指不能检出任何活的微生物或寄生虫的动物，一般由剖腹取胎，在隔离器内饲育而成。悉生动物指采用与无菌动物相同方法取得和饲养、但明确了解体内已知微生物的动物，一般已知其含有单菌、双菌、三菌或者多菌。两种动物都用于实验目的。

化学处理，所以只须通过体表消毒，即获得无菌胚胎。在无菌的基础上，接种特异细菌，便可建立悉生模型。其次，果蝇肠道与菌落结构均和人类相似，具有很高的保守性。最后，可借助果蝇强大的遗传学操作优势，解析肠道菌调控宿主的分子机制。总之，果蝇是研究宿主与微生物相互作用的一个优秀模型，让难获得的无菌和悉生动物在生物医学界"飞入寻常百姓家"，有助于我们深入了解细菌调控宿主生理的分子机制。

具有讽刺意味的是，对果蝇相关微生物的研究历史，几乎与这个遗传模型一样悠久。起初，人们试图通过标准化营养而减少环境因素对表型的影响，以减小实验中的误差，而现在利用悉生果蝇以观察宿主-微生物相互作用。也就是说，在无菌果蝇基础上，加入单一或者少数的已知菌株，构建悉生果蝇模型，以研究该菌株对宿主生理、免疫、神经行为等方面的特异作用。

果蝇可以作为一种高通量筛选的活体模型。相比小鼠和人，它们更加廉价方便，且操作性与可重复性强。除了果蝇提供的众多遗传工具和资源以外，与脊椎动物的微生物多样性（超过500个分类群）相比，果蝇相关的微生物群相对简单（约20个分类群）。简单的果蝇微生物群，使研究人员能够评估每一种微生物对宿主表型的作用，并且深入揭示细菌调控宿主生理的分子机制，包括对病原体的排斥、先天免疫调节、代谢、神经和行为等。到目前为止，绝大多数研究集中于微生物调控宿主代谢和免疫。

果蝇需要共生微生物为其提供补充营养，或者提高资源利用效率。在高等动物中，肠道菌群主要在宿主体内发挥作用，通过分泌的酶降解宿主难消化的纤维素等物质，而改善宿主营养环境，同时发酵碳水化合物，生产短链脂肪酸，提高能量的综合利用效率。与高等动物不同，果蝇肠道微生物数量相对较少，从几十个到十几万个，而且果蝇肠道长度短，排空速度较快，所以体外可能是微生物发挥作用的主要场所，这也符合腐生动物的生态习性。在体外，共生菌同样可以降解纤维素，合成菌体蛋白质，发酵产生有机酸。这些经过微生物处理后的食物，对果蝇来说更加富有营养。常规饲养的果蝇拥有最快的生长速率，无菌果蝇幼虫发育迟缓，说明共生菌可以促进果蝇的发育和生长。单株共生菌能够将无菌果蝇的发育恢复至正常水平，特别在营养缺乏的条件下（1%以下失活酵母或酪蛋白），更能促进幼虫的生长。

植物乳杆菌是自然界促进果蝇生长发育一种典型共生菌，它可以增强氨基酸同化作用，从而激活TOR信号通路。TOR信号通路进一步激活生长激素（如蜕皮激素）分泌，从而促进果蝇的生长发育。醋酸杆菌通过胰岛素信号通路，可以使低蛋白质食物下幼虫的生长状态恢复至最佳状态。胰岛素的促生长作用需要细菌PQQ-ADH依赖的氧化呼吸链*，以帮助醋酸杆菌氧化乙醇和生产乙酸。此外，微生物还可以刺激果蝇肠上皮细胞分裂增殖，增进肠肽酶的分泌，从而增强肠道的消化能力。

在哪里下蛋？

最近的研究发现，共生菌调控宿主的神经活动和行为，所以果蝇也为揭示微生物调控宿主的行为提供了一条捷径。首先，沙龙（G. Sharon）等发现，果蝇微生物改变表皮的性外激素分泌而影响交配行为。根据全基因组（hologenome）进化理论，宿主与其相关的微生物是作为进化演变中的一个选择单元，所以共生菌在一定程度上促进了新物种的形成。

微生物可以影响雌果蝇的产卵偏好性。根据"母亲知情最佳"（mother-knows-best）假说，雌果蝇会寻找最合适的地方产卵。果蝇喜欢将卵产在乳酸菌发酵后的地方，这和果蝇喜欢在腐烂水果上产卵的生态行为类似。细菌在食物发酵过程中利用蔗糖，从而产生一个低糖的新生态位。果蝇利用味觉感觉神经元寻找低糖而富含细菌的产卵地点。

然而，不是所有的细菌发酵产物都吸引果蝇产卵，例如哺乳动物粪便常吸引腐生生物（如家蝇和屎壳郎等）产卵，而果蝇产卵对哺乳动物粪便具有显著趋避性。高等动物肠道菌绝大多数为厌氧菌，会产生丙酸和丁酸，粪便中的丙酸和丁酸可能是使果蝇产卵时避开粪便的重要因素之一。

这些发现揭示了共生菌对宿主行为有重要影响，打开了一扇理解微生物和后生动物之间关系的大门。

---

* PQQ-ADH依赖的氧化呼吸链：果蝇肠道共生菌——醋酸杆菌氧化产生醋酸的途径。

展望

　　果蝇提供了一个研究宿主与微生物共生关系的理想系统。由于外部环境和实验条件的易控性，果蝇非常有助于我们破译复杂微生物群对宿主的特异影响。

　　资源竞争是影响动物与微生物相互作用的关键因素。神奇的"小飞人"果蝇与肠道菌群间的共生关系，体现出一种共赢策略，推进了物种的进化和发展。

　　未来的研究需要将行为学、神经生物学、生理学与果蝇生态习性有机地结合起来，进一步了解环境-果蝇-微生物之间的相互作用，进一步揭示果蝇的生物学特征。

　　果蝇作为一种模式生物，其与微生物之间的相互作用在一定程度上也代表了人与微生物之间的关系，为人类利用肠道菌群，更好地服务于自身的健康和发展，提供了理论借鉴。

　　果蝇——一个吸露的小精灵，亦是一个爱吸菌的小精灵！

第22章

果蝇与RNA

DNA 储存了生命体所需的主要遗传信息，为代代相传提供了保障，它相当于"中央处理系统"和"指挥官"。指挥官下无精兵也难成大事，生命活动的主要体现者蛋白质和RNA就成为DNA指挥官下的精兵利器。指挥官DNA坐镇中军大帐——细胞核，而行使各种功能的蛋白质等，则分布于细胞的不同部位。

那么接下来咱们想一想：这个指挥官DNA需要经历怎样的过程，才能将各种各样的信息指令精准地传递下去呢？中间是不是需要一个信息联络员来进行不同信息的传达，以实现不同蛋白质和RNA的合成以及功能的行使呢？

对，您猜得没错，这个"信息联络员"就是RNA（核糖核酸），在指挥官DNA与士兵蛋白质和RNA之间传递信息。而且对，您没看错，RNA既可以充当联络员，也是行使功能的尖兵。

RNA根据其功能以及长短的不同，又可以分为：长编码RNA；短编码RNA；长非编码RNA；短非编码RNA。其中非编码RNA，就是上文说的可以直接行使功能的尖兵。

长编码 RNA

咱们先主要说一说长编码RNA，也叫信使RNA（message RNA, mRNA）。大家看看：这个mRNA跟DNA有什么不同？

首先是组成上，mRNA是由核糖核酸、碱基和磷酸组成的单链结构。其次，碱基的种类也有所不同，组成RNA的碱基包含腺嘌呤（A）、鸟嘌呤（G）、胞嘧啶（C）和尿嘧啶（U），尿嘧啶取代了DNA中的胸腺嘧啶（T）。

那么mRNA是怎么产生的呢？又是如何保证信息传递精准性的呢？mRNA的产生过程称为转录（transcription）。DNA是双链结构。mRNA以DNA的模板链为模板，在RNA聚合酶的作用下，依照碱基互补配对原则转录产生。合成的mRNA与DNA编码链的序列一致，不过其中的尿嘧啶代替了胸腺嘧啶。mRNA是以DNA为模板，依照碱基互补配对原则产生的，这就保证了mRNA的精准性。

初步转录出来的mRNA，称为pre-mRNA（mRNA前体）。pre-mRNA就像是刚生产出来的毛坯，只有经过后期不断的打磨、修整，才能成为合格的产品，进而行使不同的功能。这一过程是在剪接体中进行的，主要包括以下几个方面：通过剪接体的作用，将内含子剔除；在pre-mRNA的5'端加上一个帽子；在pre-mRNA的3'端加上一个ployA尾巴。只有经过这些不断的加工和检验，才能形成成熟的mRNA。经过这一过程，相同的pre-mRNA可以产生不同的成熟的mRNA，使mRNA更加丰富。

mRNA为合成蛋白质提供了信息。长编码RNA在核糖体中经过翻译后，就可以产生行使不同功能的蛋白质，在果蝇发育过程中发挥不同的作用。

根据科学家在2000年对测定的黑腹果蝇基因组序列的分析，果蝇体内编码蛋白质的mRNA约有13 600个。mRNA的长度不一，长的能够达到1万个碱基的级别，短的仅有几百个碱基。不同基因转录本的数目也不尽相同，有的基因只有一个转录本，而有的基因则存在几个甚至十几个不同的转录本。它们在生物体发育过程中的不同阶段，发挥着不同的作用。这体现了基因在生命体发育过程中调节的多样性。

小编码 RNA

还在20世纪的时候，研究者们普遍认为，传统意义上的RNA有2种形式：

一种是可以合成蛋白质的编码 RNA，另一种是发挥结构作用的非编码 RNA。随后，小 RNA（miRNA、piRNA）和 lncRNA（long non-coding RNA，长链非编码 RNA）的发现，开启了非编码 RNA 研究的全新领域。

事情的发展本来很正常，新的领域在开启，人们的认知在增加。然而现在，研究者们貌似兜了个圈子又回到原点，因为他们发现，某些长链非编码 RNA 能够产生具有生物学功能的小肽。

其实早在 2002 年，非编码 RNA 可以编码蛋白质的现象已经初露端倪。当时，德国马普植物育种研究所的工作人员发现一个 679nt（核苷）的长非编码 RNA 中含有 2 个短开放阅读框*（short open reading frame, sORF），这 2 个 sORF 分别编码长 12aa（氨基酸）和 24aa 的小肽，发挥生物学功能。同样，在 2007 年，来自日本的科学家影山（Y. Kageyama）在研究果蝇胚胎中的一种 lncRNA 时，意外发现这种 lncRNA 可以编码 4 个小肽、3 个 11 肽和一个 32 肽，同样具有生物学功能。

从 2007 年至今的短短十一二年间，陆续不断地有 lncRNA 被"正名"（由于含有能编码小肽的 sORF 被重新划分为 mRNA），比如斑马鱼胚胎中的 toddler、骨骼肌中的 myoregulin、心脏细胞中的 DWORF 等。

随着越来越多隐藏的小肽被发现，人们不禁要问，还有多少小肽没被发现呢？有几十种、上百种吗？事实上，这个数据可能会更加庞大，因为 sORF 被忽视的现象由来已久。导致这个现象最直接的原因，就是寻找 ORF 的算法问题，大多数的 ORF 算法临界值是 300nt，这不可避免地会漏掉那些可能编码小肽的 sORF。另外，用标准的蛋白质谱法鉴定小肽也是有问题的，小肽们早就跑出凝胶去了。还有，ORF 越短，在小鼠、果蝇等模式生物的常规突变筛选中越难被选中，就越难被鉴定。大概总结一下原因就是，针对常规编码 RNA 的那套方法，在 sORF 的研究中是完全失效的，人们需要新的方法来鉴定未知的 sORF。

直到 2011 年，经过科学家们的不懈努力，一种被称作核糖体图谱（ribosome profiling）的方法经过改进，解决了这一难题。这种方法能够翻译所有的 ORF，不论长的还是短的。来自美国加州大学的魏斯曼（S. M. Weissman）

---

* 开放阅读框：指结构基因的正常核苷酸序列，它从起始密码子到终止密码子，其间不存在致使翻译中断的终止密码子，能够编码完整的多肽链。

等利用这种方法证实，在已知的编码区外存在大量的翻译，证明这是一项里程碑式的发现。但是，这种方法也有一定的假阳性。为了反映真正翻译的核糖体图谱，研究者们随后又加入了诸如被称作核糖体释放分数（ribosome release score）等的参数，使得预测的结果更加可信。

2015年门舍尔特（G. Menschaert）等建立了一个sORF数据库，其中已经包含小鼠、果蝇、人类中总共266 342个sORF。当然，随着研究的深入，新的算法和参数会不断更新，这一数值可以进一步过滤缩小。不过这一切都表明，关于ORF的算法问题尽管还有待成熟，但已经趋于得到解决。

剩下的就是对新鉴定小肽的分子和遗传功能进行研究了，但是科学家们迄今还没有找到有效的方法，能够快速地解析这些小肽的作用机理。相信果蝇作为最强有力的模式生物，能够在这个过程中发挥重要作用。

长非编码 RNA

我们都知道，基因在体内会转录成RNA，继而翻译成蛋白质，从而执行各种生物过程。但在20世纪70年代，科学家们发现基因中存在着非编码序列，这些序列不能编码蛋白质，所以科学家将这些序列称为"垃圾DNA"（junk DNA）。不过很快，科学家们发现了来自非编码序列的转录本。起初这些非编码的RNA只是被看作基因转录的"噪声"，是RNA聚合酶Ⅱ转录的副产物，不具备生物学功能。

1981年自我剪接核酶被发现，不仅为生命起源于"RNA世界"的假说提供了分子证据，而且预示了在细胞中存在大量具有催化功能的调控RNA。到20世纪90年代，"人类基因组计划"启动，很多物种的基因组序列测定完成，人们从而了解了基因组中非编码序列的组成与结构。

21世纪以后，随着转录组研究的开展，人们发现大约80%的DNA序列能转录成RNA，这远比编码蛋白质的mRNA多得多。也就是说，数目巨大、种类繁多的非编码RNA，占细胞中RNA的绝大部分。

其中，长链非编码RNA（lncRNA）是一类转录本长度超过200nt的RNA分子，它们并不编码蛋白质，而是以RNA的形式在多种层面上（表观遗传调控、转录调控以及转录后调控等层面上）调控基因的表达水平。关于长非编码RNA究竟是一种普遍的转录"噪声"，还是一种功能组件，起初非常具有争议性。它们在模式生物之间序列保守性差、表达量低，因而被猜测可能是由一些低保真性聚合酶产生的转录本，而并不具有真正的功能。

然而，这种猜测被越来越多的深度测序分析以及lncRNA功能研究排除了。首先，长非编码RNA的启动子区域以及剪接位点，与蛋白质编码基因具有一定的相似性。其次，尽管序列保守性相对于mRNA较低，但是长非编码RNA发挥作用，可能并不依赖于序列上严格的保守性，而是依靠二级空间结构。并且近年来的研究表明，lncRNA参与了X染色体沉默、基因组印记以及染色质修饰、转录激活、转录干扰、核内运输等多种重要的调控过程。lncRNA的这些调控作用，也开始引起人们广泛关注。

虽然目前确定的长非编码RNA大量涌现，但是绝大部分长非编码RNA在生命活动中的具体调控机制与功能模式，仍需进一步研究。目前，有关lncRNA的研究主要集中在人、小鼠等哺乳动物中。在果蝇中研究较少，但随着高通量测序技术的不断发展，越来越多的果蝇lncRNA被发现，有关果蝇lncRNA的报道快速增长。各种研究表明，lncRNA可以参与调控果蝇的性别决定过程、果蝇的运动行为和攀爬能力、雄性果蝇的求偶行为、果蝇的睡眠、果蝇的X染色体失活以及果蝇的精子发生等多个生物学过程。

近年来非编码RNA的研究持续升温，非编码RNA的相关研究成果多次入选美国《科学》（Science）杂志的年度十大科技突破。特别是2010年12月的《科学》杂志在评选进入21世纪后第一个10年内的十大科学突破时，非编码RNA领域被放在了第一位。一个崭新的、巨大的非编码核酸的世界，正展现在我们面前，等待着我们去探索和挖掘。

小非编码 RNA

小非编码RNA分子，顾名思义就是指那些核苷酸数目比较少的非编码RNA

分子。现在发现的大约可以分成几大类——tRNA、短rRNA、miRNA、asRNA、snRNA、scRNA、piRNA等。当然啦，神奇的生命体充满了奥秘，还有很多未知的小RNA分子等着大家去发现呢。

下面我就分门别类地给大家讲一讲这几种小RNA分子。

tRNA

tRNA叫转移RNA（transfer RNA）。虽然它只有70～90个核苷酸，但是大家可不能小看了这种RNA分子，它可是蛋白质原材料——氨基酸的搬运工。它是一把三叶草形状的"钥匙"，每一种tRNA只能与特定的氨基酸结合，然后把这些氨基酸搬运到正在合成的蛋白质多肽链上，这样才能保证蛋白质的顺利合成。

rRNA

rRNA叫核糖体RNA（ribosomal RNA）。在大肠杆菌中有3种rRNA分子，但是在果蝇等高等的真核生物体内，却有4种rRNA分子，它们分别由大约120、160、1 900和4 700个核苷酸组成。前2个我们可以称为小RNA分子，后面2个就比较大。

核糖体是蛋白质合成的工厂。也就是说，tRNA这个搬运工就是把氨基酸搬运到核糖体里面来的，然后由核糖体工厂负责合成蛋白质多肽链。而rRNA是组成核糖体的主要成分，它在合成蛋白质的过程中功不可没，但是它在蛋白质合成中的功能尚未完全明了，尚待未来的科学家们不断探索。

miRNA

miRNA全称microRNA，其大小约20～25个核苷酸。

第一个被发现的miRNA是线虫中的lin-4和let-7。随后科学家们又在人类、果蝇、植物等多种生物中发现了数百个miRNA。它们可以通过碱基互补配对，结合到mRNA分子上，导致蛋白质多肽链不能合成，所以我们可以称它们为蛋白质合成的"阻碍者"。

但是，我们不能因为它们是蛋白质合成的"阻碍者"，就否定它们，因为之所以高等生物能有各种各样的细胞类型、各种各样的组织器官，就是靠生命体严格控制基因表达来实现的。正是有了这些"阻碍者"，才能使各种细胞各司其职，形成一个高度有序的有机整体。比如，在果蝇中有个叫bantam的miRNA，如果它缺失了，就会导致果蝇个体变小。科学家们证实，bantam miRNA在细胞增殖中起着重要的作用。

其他小RNA

asRNA全称是反义RNA（antisense RNA），它也同样能够与mRNA互补配对，抑制mRNA的翻译。但是asRNA与miRNA抑制蛋白质翻译的机制相似，又不完全相同，还有很多未解之谜等着大家去探索。

snRNA称小核RNA（smallnuclear RNA）。真核生物刚刚转录的mRNA分子是不成熟的，含有很多内含子等序列，需要一种被称为剪接体（spliceosome）的机器进行剪接，把外显子连接起来，才能成为成熟的mRNA分子。snRNA就是剪接体的主要成分。snRNA的长度，在哺乳动物中约为100～215个核苷酸。scRNA又称细胞质小RNA（small cytoplasmic RNA），它们存在于细胞质中，参与蛋白质的合成和运输。

蛋白质多肽链在核糖体合成后还要被运输到内质网中进行进一步的加工修饰，最终把成熟蛋白质运输到其发挥功能的地方。那么这个时候是谁在承担运输的功能呢？它就是SRP（核糖核蛋白体颗粒），它负责将核糖体引导到内质网，而scRNA就是SRP中重要的RNA组分。

piRNA指能够与Piwi蛋白相互作用、长度约为30nt的小RNA，高度分布于生殖系统中，主要负责维持生殖系统的稳定。piRNA的发现为小分子RNA的研究开辟了一个新领域，2006年被《科学》评为十大科技进展之一。

展望

细胞是高度程序化的，里面每时每刻都在发生着奇妙的事情，也充满了各种神奇的奥秘。如果想合成生命活动的承担者——蛋白质，那是需要很多很多的非编码RNA分子参与以及精细调控的。

果蝇，神奇的吸露者，在过去的100年帮助我们理解了许多生物学难题。

果蝇，超棒的"小飞侠"，在未来的时间里也一定会给我们带来更多的惊喜！

后记

昨天来到浦东的一座古镇，在民宿里住了一晚上。早晨街头热闹起来，出门吃了馄饨和豆花，又配了一副老花眼镜。散步中想起，我们这本书也差不多该结稿了。

关于果蝇这本科普小书的缘起，记忆中是在前年夏天，武民和我从广州到上海的旅途上。我们在机场里边喝酒边聊天，觉得华人的果蝇研究圈越来越大，全球科学家对果蝇的研究有100多年时间了，有必要给我们的青年朋友做点科普工作。这样，我们在机场聊的时候，就把书名定了："百年果蝇——神奇的吸露者"。

随后，在微信群里向做果蝇研究的朋友们发出撰稿邀请，最终成稿的有22章。

其实，当时给大家的截稿日期是很急的，两三个月就得交稿。有些作者一个多月就交了，有些作者被催了好几回，多数人大约是在半年内交的稿。然而稿件一直就搁在那儿，因为有一点我总不太满意：插图太少。后来联系了一批专业艺术家，有画家、书法家、摄影家和漫画家，请他们为本书配些艺术素材，他们都是书稿插图创作的志愿者。还有，这个学期我给上海科技大学生命科学与技术学院本科生上"果蝇生物学"课。在给同学们布置课堂作业时，请他们画一些有关果蝇的科学漫画，有的同学还以果蝇的口吻加了些文字，部分被编辑选用在书里。经过这番"文艺包装"，我们的"科学快餐"算是加上了"浇头"。

果蝇当然不能跟人同日而语，但是从生命科学研究的角度看，它们与人有大量相似之处。正是这小小的生灵，为人类理解生命、为科学家探究生命作出了重大贡献。在遗传学、发育生物学、细胞生物学、神经科学、免疫学等领域，很多原创性发现最初是从研究果蝇这个小精灵上得到启发。包括我们现在对健康、衰老、疾病和感染等方面的大量研究工作，很多初始的灵感是来自"捣鼓果蝇"。

一面想着我们的新书，一面在新场的大街上漫步。说是"大街"，其实很多路段仅有南京路步行街不到十分之一的宽度，人也不那么拥挤。街边茶馆食肆鳞次栉比，美食琳琅满目，吴音乡语令人陶醉；然而不经意间，身上已被蚊虫叮出好多个包包，这就是美中不足了。

除了有时跳进咖啡里之外，果蝇好像没有蚊虫那么招人反感。

这本小书还不完美，很多地方需要补充，我对此负全部责任。希望出版之后在听取大家意见基础上，我们再修订。不能追求一蹴而就的完美，我已答应了出版社：今天必须改定交出去。

在成书过程中，我要感谢很多很多人。

感谢所有作者，22个章节涉及31位作者。感谢刘南、张勇、珞颖、武民、刘威和潘磊老师为各章节审稿。感谢我们的插画师Julie、Gillian和轶晨，以及在咖啡厅一起参与讨论的John。感谢老朋友双启的卡通插画，还有我们果蝇生物学课上12位可爱的本科生同学。邱志杰老师欣然为本书书名和各章章名题字，非常感谢他，我欠他一杯酒！

感谢本书责任编辑季英明老师的足够耐心，以及虽未谋面但为本书出版默默付出辛劳的文字编辑、美术编辑及校对人员。

感谢所有读者，希望本书对你们了解果蝇这个神奇的吸露者，会有一点小小的帮助。如果有任何关于果蝇的问题，欢迎发送电子邮件至本书邮箱（jiujiangfly2018@qq.com）。

刘冀珑

2019年10月13日

于上海浦东新区新场古镇

附　录

作者详细信息

章序号	章名	作者	作者单位
第 1 章	果蝇与性	潘玉峰	东南大学
第 2 章	果蝇与诞生	纪俊元、刘朦朦	美国得克萨斯农工大学
第 3 章	果蝇与成长	刘朦朦、纪俊元	美国得克萨斯农工大学
第 4 章	果蝇与衰老长寿	童文化、刘南、赵允	中国科学院
第 5 章	果蝇与疾病	孙行、方燕姗	中国科学院
第 6 章	果蝇与愈合再生	范云	英国伯明翰大学
第 7 章	果蝇与免疫	邓自豪、焦仁杰	广州医科大学
第 8 章	果蝇与死亡	林于杰、陈光超	台北"中研院"
第 9 章	果蝇与癌症	邓武民、谢更强	美国佛罗里达州立大学
第 10 章	果蝇与干细胞	金真、陈君、袭荣文	北京生命科学研究所
第 11 章	果蝇与肥胖代谢	刘竞男	上海科技大学
第 12 章	果蝇与学习记忆	潘磊	中国科学院
第 13 章	果蝇与生物钟	张珞颖	华中科技大学
第 14 章	果蝇与成瘾	张勇	美国内华达大学
第 15 章	果蝇与运动	段然慧	中南大学
第 16 章	果蝇与细胞器	刘冀珑	上海科技大学
第 17 章	果蝇与生物科技	倪建泉	清华大学
第 18 章	果蝇与进化	陈俊豪、陆剑	北京大学
第 19 章	果蝇与神经发育	何海怀、吴宇斌	四川大学
第 20 章	果蝇与感染	潘磊	中国科学院
第 21 章	果蝇与共生	刘威	山西医科大学
第 22 章	果蝇与 RNA	高冠军	上海科技大学